幸福
超越完美

THE PURSUIT OF
PERFECT

HOW TO STOP CHASING PERFECTION
AND START LIVING A RICHER, HAPPIER LIFE

[美]
泰勒·本-沙哈尔
(Tal Ben-Shahar)
著

倪子君 刘骏杰
译

中信出版集团 | 北京

图书在版编目（CIP）数据

幸福超越完美 /（美）泰勒·本 - 沙哈尔著；倪子君，
刘骏杰译 . -- 北京：中信出版社，2022.3（2024.1 重印）
书名原文：The Pursuit of Perfect: How to Stop
Chasing Perfection and Start Living a Richer,
Happier Life
　　ISBN 978-7-5217-4009-7

　　Ⅰ . ①幸… Ⅱ . ①泰… ②倪… ③刘… Ⅲ . ①人格心
理学－通俗读物 Ⅳ . ① B848-49

中国版本图书馆 CIP 数据核字（2022）第 030347 号

幸福超越完美
著者：　　　[美]泰勒·本－沙哈尔
译者：　　　倪子君　刘骏杰
出版发行：中信出版集团股份有限公司
　　　　　　（北京市朝阳区东三环北路 27 号嘉铭中心　邮编　100020）
承印者：　　北京盛通印刷股份有限公司

开本：880mm×1230mm　1/32　　　印张：9.75　　字数：183 千字
版次：2022 年 3 月第 1 版　　　　印次：2024 年 1 月第 3 次印刷
京权图字：01-2020-5705　　　　　书号：ISBN 978-7-5217-4009-7
　　　　　　　　　　　　定价：58.00 元

献给塔米，我的挚爱

目 录

第一部分
理论

第二部分

应用

第三部分

冥想

过去 10 年，我的授课内容一直围绕一个主题——幸福。

和许多大学教授一样，一个最初我个人非常感兴趣的主题，最终成为我致力研究的学术领域。第一次思考"幸福"这个问题时，我是一个很成功但是不快乐的学生；在那之前的几年，我是一个很成功但是不快乐的职业运动员。找出我不快乐的原因的强烈愿望，把我带入积极心理学这个新兴的学术领域。传统心理学大多把注意力放在神经衰弱、抑郁、焦虑这些症状上，而积极心理学则重点研究什么因素可以促使个体、团体，以及社会组织更有生机，更加幸福。简单来说，积极心理学是一门关于幸福的科学。

我自己从积极心理学的研究中受益良多，我希望能将这些感受与每个人分享。我当然一直都清楚人们是渴望幸福的，但是我没有料到的是，直到我在书中和课堂上讲述如何拥有更有意义、更快乐的人生，我才意识到人们的这份渴望原来如此巨大。

无论在读者来信中、我和学生们的对话中，还是在各个工作坊里的讨论（包括与上海企业家、堪培拉政治领袖、纽约问题少年、开普敦记者、巴黎教师的讨论）中，我都看到了人们对提升个人幸福感以及促进社会和谐是多么热情。

后来我发现，这些背景不同的人，追求幸福的渴望还不是他们唯一的共同点。他们在追求幸福的过程中所遇见的障碍也非常相似，其中最大的一个相似的障碍，就是他们所追求的人生不但要幸福，还要完美。

当我和人们讨论幸福感时，有两种反应让我惊讶，这让"追求完美"这个问题更加令人关注。首先，人们经常会说他们过得不幸福，但就在他们更详细地叙述他们的生活和情感之后，我才发现，他们的真正意思是，他们并不是每一刻都幸福。其次，人们会告诉我，我本人看起来并不是那么幸福，因为他们觉得，一位"幸福专家"应该时时刻刻都很幸福。而当我说起我的失败和恐惧的时候，他们会惊讶地认为，我有这么多不如意的经历，怎么还能觉得自己是个幸福的人？在这两种反应之下隐含的假设是：一个真正幸福的人，对于悲伤、恐惧、焦虑以及生命中的失败和挫折应该是免疫的。这种假设在各个时代、各个地方、各种文化领域普遍存在，这使我了解了一个令人惊骇的事实：我被完美主义者包围了。

作为一个正在由完美主义者恢复到正常状态的人，我再也不感到孤独了。许多我所认为的完美主义者（无论是极端的还是轻微的，无论是具备许多完美主义特征的还是只有少许完美主义倾向的）在他们自己和他人眼里，并不一定是完美主义者。但是我发现，这些人无论是在他们的假设中，还是在思维方式或行为方式上，都清楚地定义了他们是完美主义者。这些人都或多或少地受到了完美主义的伤害。

本书正是要揭开完美主义的面纱，并告诉人们如何超越完美主义的障碍，获得幸福的人生。

和《幸福的方法》一样，本书也设置了"反思"板块和"练习"板块。如果想要从中获益，就不应该像看小说那样走马观花。我建议大家慢慢看，且看且停，花一点儿时间，在实际生活中应用和反思学到的内容。为了更好地帮助大家行动与反思，每一章最后都设置了相应的练习；当你读到"反思"板块时，你可以回答问题或思考问题，在这些时间里，大家可以稍微休息一下，更好地理解和消化所学的内容。这些练习和"反思"的内容，可以一个人做，可以与一个同伴分享，也可以在一个小组里和大家一起做。本书也可以作为有兴趣促进个人成长的书友会的阅读材料，同时也是那些想培养亲密关系的伴侣的好帮手。

前　言

在深冬的某一天，我才发现自己的内心原来有个看不见的盛夏。

——阿尔贝·加缪

那是 1 月中旬的一天，在通往哈佛大学校园另一头那座简朴的心理学大楼的路上，我心无旁骛。当我站在教授那扇关着的门前时，我完全没有意识到自己的手指因为紧张而抖个不停。我浏览着成绩单上那些学生编号，一行一行，一下子扫过一页，我发现要看清我眼前的成绩单变得十分困难。又一次，焦虑几乎淹没了我。

我大学生涯的头两年过得并不快乐。我总是觉得达摩克利斯之剑就在我的头上悬着。万一我在课堂上漏掉一个关键词怎么办？万一在课堂讨论时我因走神而回答不出教授提出的问题怎么办？万一在交卷前我无法仔细做完三次检查怎么办？以上这些状况，都有可能导致我考出一个不完美的成绩甚至失败，让我无法成为我想象中的人，无法过上我想象中的生活。

然而，就在那天，当我站在教授门前时，一件让我极度恐惧的事情真的发生了：我没拿到 A——一个优等的成绩。我的第一反应就是狂奔回自己的房间并且反锁房门。

没有人喜欢失败。但是正常的讨厌失败与极度恐惧失败是不同的。讨厌失败会激励我们采取必要的预防措施，并且更努力地工作，获得成功。相反，恐惧失败通常使我们停滞不前，让我们因为强烈拒绝失败而放弃迎接对我们的成长很有必要的风险。这种恐惧不但会令我们的个人表现大打折扣，还会危害我们的心理健康。

失败是每个人生命中不可避免的，更是成功人生不可或缺的。我们从跌倒中学会走路，在咿呀乱语中学会说话，在无数次投篮不中后学会投篮，从胡乱涂鸦的过程中学会绘画。那些恐惧失败的人，将最终失败于从未发掘自身的潜力。我们要么学会了失败，要么从失败中学习。

10 年后的一天，我在莱弗里特大楼吃午饭，那是哈佛大学的一栋学生宿舍。当时是 10 月，正处于秋季学期，窗外大部分叶子都被染成亮丽的橙色、红色与黄色。但最让我感兴趣的是少

　　　　　　　　　　　　　幸福超越完美

数保持原来颜色的叶子，它们看起来似乎在苦苦奋斗着，不让大自然改变它们引以为傲的色泽。

"我可以坐在这吗？"这时，一名大四学生马特走到我的旁边，问我。由于我嘴巴里塞满了食物，于是我向他微笑着点点头。当马特在我对面坐下时，他说："我听说你在教一门有关幸福的课。"

我回答他："是的，是有关积极心理学的。"然后我热切地准备继续向他介绍这门新的课程。但我还没来得及开始，马特就打断了我："你知道吗，我的室友史蒂夫就在上你的课，所以你最好当心一些。"

"当心？为什么呢？"我疑惑地问他。我猜他可能要透露一些有关史蒂夫的黑暗秘密给我。

"因为，"他回答道，"我一旦看到你不幸福，就会跑去告诉他。"显然，马特是在开玩笑，或者半开玩笑。但他的言下之意是一种根深蒂固的、很常见的看法，那就是：幸福的生活是由无数完美的积极情绪体验组成的，而任何经历过负面情绪，无论是羡慕或愤怒、失望或悲伤、恐惧或焦虑的人，都算不上"真正"幸福的人。但事实上，唯一不会体验这些正常的负面情绪的只有两类人，一类是精神病患者，另一类则是死人。所以，有时候偶尔体验到这些负面情绪其实是一件好事，因为它至少证明我们不是精神病患者，而且还活着。

有意思的是，我们如果不让自己体验一些痛苦情绪，就会限制我们感受幸福的能力。我们所有的感受其实都从同一条情绪通道中流出，阻止痛苦情绪其实就是在间接阻挡快乐的情绪。如果这些痛苦情绪长期不被释放出来，它们就会膨胀，并且变得更强烈。到了它们最终自己爆发的时候（这些情绪总是会为自己找到一条这样或那样的出口），它们往往会彻底击垮我们。

痛苦情绪在正常的人类生命中是无法避免的，所以当我们否定它们的时候，我们其实是在从根本上否定我们人性的一部分。想要追求充实而美满的幸福人生，我们必须允许自己体验生命中的所有情绪。换句话说，我们需要给自己一个机会"允许自己成为一个正常人"，让自己全然为人。

阿拉斯代尔·克莱尔的生命看起来很完美。他曾是牛津大学的明星学生，后来成为该校著名学者，受到无数人的推崇，赢得了许多奖项及奖金。他不是一个喜欢把自己封闭在象牙塔里的人，他自己出版了小说、诗集，还发行了两张唱片，唱片中的一些歌曲是由他自己创作的。他还制作了一部关于中国的 12 集电视连续剧《龙之心》（*The Heart of the Dragon*），这部剧由他亲自编剧、导演、制片并推广发行。

这部剧得了艾美奖，但克莱尔并没有去现场领奖。因为在他48 岁时（刚刚完成这部剧没多久），他就扑向一辆疾驰的火车，以自杀的方式结束了他的一生。

如果他知道自己将要获得艾美奖，那么他的人生会不会有所不同？他的前妻说："艾美奖是一个成功的标志，这对他意义重大，因为那可以带给他更多自尊。"但是她又补充道："他也曾经获得许多比艾美奖还要大的奖项，但没有一个可以使他满意，他每做一件事，都必须得到新的成功和肯定。"[1]

直至死亡，克莱尔也从未认为自己做得足够好。虽然他确实非常成功，但他自己看不到自己的成就。实际上，他是在不断否定自己的成果。首先，他经常用一些几乎不可能达到的标准去衡量并否定自己。其次，就算他真的达到那些几乎不可能实现的目标，他也会很快认为这些成就是没有价值的，进而否定自己的成绩，并立即向下一个几乎不可能的梦想前进。

渴望成功是人类的天性。许多人都会不断给自己设定越来越高的目标，这些目标常常能够带来个人的成功及社会的进步。较高的期望确实能够带来较大的成就。然而，在追求成功的、有满足感的人生时，我们的标准必须是现实的，而且我们必须享受其中，还要对自己所取得的成就怀着一颗感恩的心。我们需要把梦想建立在现实上，并且欣赏自己的硕果。

以上三个故事（我对于"不够完美的成绩"的极度焦虑，马特警告我"最好每时每刻看起来都很幸福"，以及克莱尔无法享受自己成就的悲剧）展示了三种看起来不相干却有着相关性的完美主义的表现：拒绝失败，拒绝痛苦情绪，以及否定自己的成功。完美主义带来的负面影响随处可见，它们甚至常常发生在我们自己身上。

我们经常会在学生身上看到对失败的强烈恐惧，这使得他们不敢在"安全区"之外冒险，停止尝试，最终导致他们丧失学习和成长的能力。在大学里，这些学生如果不能获得一个"完美的结果"，就不敢开始一个新的项目，最终变成了毫无创意的因循守旧者。在公司里，我们也常常看到，很多很棒的创意，通常在"需经验证明是可行的"这座祭坛上被牺牲了，于是，一切都变得安全而平庸。

类似的行为并不是恐惧失败的唯一表现。有时，我们会把恐惧深藏心中。我们总是能看到，一些人就算极度沮丧，看起来好像还是很快乐；有些人不管现状如何，似乎都能保持一种不为所动的乐观态度；有些人在经历任何创伤和灾难之后，似乎都能很快恢复，而且看起来在情绪上毫发未损。当然，积极的态度和充满韧性的恢复力对于幸福感的贡献是非常重要的，但是如果我们对幸福生活的期望过于完美，不给痛苦感受留出空间，拒绝负面情绪，那么，长此以往，将对健康十分有害。想在情绪管理上走捷径，企图绕开、避免那些正常的负面情绪，将事与愿违，减少幸福感的获得。

我们不难理解完美主义是如何导致人们恐惧失败和拒绝痛苦情绪的。使人惊讶的是完美主义是怎么让人们连自己的成就都否定的。在那些看起来好像"什么都拥有"却不幸福的人身上，我们经常可以看到这种情况。如果我们的梦想仅仅是拥有完美人生，那我们必将遭遇失望与沮丧，因为这个梦想在现实世界中终将破碎。克莱尔就是这样一位极端的完美主义者，这导致他觉得自己的所有成就都不值一提，也使得他无法享受成功后那种真实的、持续的快乐。

 反思 在以上三个故事里，你能看见你自己或者某个你认识的人吗？

长期以来，完美主义被心理学界认为是一种神经症的表现。1980 年，心理学家戴维·伯恩斯将完美主义者描述为"拥有无法达成的非理性目标的人群，他们会不断强迫自己完成不可能的目标，并且只以生产力与成就来衡量自己的价值"[2]。近年来，心理学家开始发现，完美主义其实是更复杂的，而且完美主义所带来的也并不完全是负面影响。他们发现，某些时候，完美主义其实是推动人们努力工作并且为自己设定高标准的重要动力。

据此，当今的心理学家们区分了适应的、健康的"积极的完美主义"和不适应的、充满神经症特质的"负面的完美主义"。[3]由于我看到了这两种类型的完美主义在本质上的巨大差异和所导致的迥然不同的结果，因此我更想使用一些完全不同的词汇来形容它们。在本书中，我将"负面的完美主义"直接称为"完美主义"，而"积极的完美主义"，我则称之为"最优主义"。[4]

牛津英文词典里将"最优"解释为"最好，最有利，尤其是在某一特定情况下"。寻求"最优"（无论是在一天里或一生中以最好、最有利的方式使用我们的时间，还是在经济状况允许的情况下购买最理想的房子）一直是我们习惯的做法。我们承认现实条件的限制（每天只有 24 小时，我们的钱是有限的），我们据此来安排我们的生活。

引进积极心理学概念的研究者将积极心理学形容为"能最大限度发挥人类潜能的科学研究"[5]。他们了解人性内在的限制，也清楚我们在生命中有时必须要做出一些平衡或牺牲，因为没有人能拥有一切。积极心理学研究中一个最基本的问题是：我们最有可能的、最好的生命状态是什么？这意味着，积极心理学关注什么是"最优"，这与其他一些自助式心灵激励运动有很大不同，那些运动常常鼓励人们想象或渴求一种完美的生活。追求完美的强烈渴望，往往会带来更多的挫败感和不幸福。

完美主义者和最优主义者最关键的不同，在于前者拒绝现实，后者接受现实。我们之后还会深入探讨二者的重要区别，现在，让我们先来看看二者对于失败、负面情绪，以及成功的理解和反应方式上的巨大不同。

完美主义者期望他们通往目标的道路，甚至整个人生旅程，都是笔直、顺畅、无障碍的。但由于人生中的障碍不可避免，当它们（比如工作上的失败，或有些事情没有完全按照所预期的进行）出现在完美主义者的生命中时，完美主义者会产生极大的挫折感，并感到无法接受和应对。与完美主义者"拒绝失败"大为不同的是，最优主义者"接受失败"，把失败看作生命里自然的一部分，并把失败看作与成功密不可分的必要经验。他们明白，无论是找不到满意的工作，还是与配偶发生争吵，其实都是完整而充实的人生不可或缺的一部分；他们会从这些经历中学习，让自己变得更强大并富有韧性。大学时的我之所以过得不快乐，正是因为我无法把失败当作学习道路上（甚至生命中）一个十分必要的组成部分，并欣然接受它。

完美主义者相信，幸福的生活一定是被无数完美的积极情绪不断填充的生活。因为他们渴望幸福，所以他们拒绝所有痛苦情绪。当他们失去一个工作机会时，他们不允许自己感到悲伤；当一份重要的感情破裂时，他们否定自己的痛苦。相反，最优主义者完全接受负面情绪是生命的一部分。他们会给自己体会悲伤和痛苦的空间，并且让这些感受加深自己对于生命的所有体验，包括对不快乐和快乐的理解。就像马特，那个开玩笑说如果看见我不幸福就要向他室友报告的学生，他认为一个讲授"幸福"的老师应该每时每刻都洋溢幸福感。马特的想法不但不现实，而且是引发不幸福的导火索。

完美主义者是永远不会满意的。他们会为了那些不可能实现的个人意愿而不停地给自己设定难以达到的目标和高标准，这使他们从一开始就否决了自己成功的可能性。不管他们获得怎样的成就（无论他们在学校里成绩多好，无论他们在工作中爬得多高），他们都无法在自己的成就中找到快乐。不管他们拥有什么（无论他们赚了多少钱，无论他们的配偶多么棒，无论周围的人多么推崇他们），他们都觉得自己还不够好。他们一直在拒绝生命中的成功，因为无论实际上多么成功，他们都不觉得自己成功。最优主义者也会给自己设定非常高的标准，但他们的目标是基于现实的，所以往往并不难达成。而当他们达成目标时，他们会欣赏自己的成功，表达及体会对自己所取得的成就的感激。在这一点上，完美主义者和最优主义者的不同是，最优主义者对于现实全然悦纳。当最优主义者达成自己的目标时，他们会感受到真实的满足和真实的喜悦。克莱尔在他的一生中拼命追求成功，但由于他对成功的定义是不现实的，所以他从未成功（以他自己的标准来衡量），也因而从未感受到成功的幸福。

完美主义者拒绝现实，并以一个幻想的世界来替代和否定现实。在那个虚幻的世界里，没有失败，没有痛苦，无论他们定义成功的标准多么不现实，都能够实现。最优主义者则接受现实。他们认为，在真实世界里，一些失败和不幸是无法避免的，并且在可实现的范围内设定衡量成功的标准。

完美主义者因为拒绝现实而付出了高昂的精神代价。拒绝失败使他们饱尝焦虑的滋味，因为他们所害怕的失败的可能性始终存在；拒绝痛苦使他们更加痛苦，因为他们试图压抑的负面情绪因得不到疏导而更加强烈；拒绝真实世界里总有许多限制和约束这个事实，他们总是给自己设定非理性和无法达到的成功标准，由于他们根本达不到这些标准，因此他们最终会深陷于无尽的挫折和对自己的不满之中。

最优主义者接纳现实，不仅精神上受益，还能拥有丰富和充实的生活。他们接受失败，尽管他们也不喜欢失败的感觉，但他们把失败当作一种自然现象，所以他们的焦虑感更少，并能从自身的努力中获得更多快乐；他们接纳痛苦，把负面情绪看作生命里不可避免的事实，他们不会因强行压抑痛苦而使它恶化，他们会去体验，会从中学习，然后继续前行；他们接纳事实，承认现实世界本身就有很多限制和约束，他们会给自己设定可以完成的目标，并且能够真正体会、欣赏和享受成功。

表 1　完美主义者与最优主义者的不同表现

完美主义者	最优主义者
拒绝失败	接受失败
拒绝负面情绪	悦纳负面情绪
否定成功	认可成功
拒绝现实	尊重现实

从本质上来说，完美主义者会拒绝一切有碍于完美的瑕疵和

缺陷，而当那不现实的目标无法达成时，最痛苦的其实是他们自己。最优主义者则接受并充分利用生命所给予的一切，去创造一种最优的可能性。

 你在生命中的哪些方面是以最优主义的态度面对的？在哪些方面是以完美主义的态度面对的？

本书分为三个部分。在第一部分，我提出了有关完美主义者的理论，进一步阐述我的上述观点。第1章提到了接受失败的重要性，以及"我们只有学会接受失败，才能从失败中学习"这个理念。第2章讨论了如何接受各种情绪，详细说明了让自己全然为人的重要性。第3章则讨论认可自己的成功，其中提到了设定既有野心又现实的目标，以及为自己的成就而感到满意的重要性。在第4章，我们会探讨接受现实的重要性，这也是我们用以反击完美主义的基础。

在第二部分，我提出如何将第1章中的理论应用在各个领域中。第5章讨论老师和家长如何帮助孩子同时获得幸福和成功。第6章讨论了如何将完美主义和最优主义带入我们的工作环境，并且充分解释了最优主义如何在工作上使我们获益。第7章说明了为什么真爱意味着我们必须放弃那些不现实的、对于完美爱情的幻想。

第三部分介绍了许多简短的冥想练习，每一个练习都针对完美主义的某个方面。第一个冥想探索为什么改变自己，特别是关于完美主义的改变，如此困难。第二个冥想介绍了一项专门针对完美主义的认知疗法。第三个冥想提到了如何帮助他人。第四个冥想讨论了相关心理疾病和合适的精神治疗药物。第五个冥想探讨"痛苦"在我们生命中所扮演的角色。第六个冥想揭示了爱自己的重要性。第七个冥想说明了完美主义是如何改变我们对待他人的态度的。第八个冥想的主题是积极面对衰老而非对抗衰老。第九个冥想讨论什么是"大骗局"，以及人们为隐藏自己的情绪所付出的代价。最后一个冥想讨论如何对待我们所知的局限以及我们对未知的接纳。

在我所撰写或教授的所有主题中，完美主义这个题目一直是与我自己的心灵和精神关系最为密切的，因为在我自己的人生中，我曾经不得不面对（现在仍要不断面对）我自身的具有毁灭性的完美主义趋向。这个主题不但对我来说有着相当大的个人意义，而且让我的学生产生相同的感觉。就像卡尔·罗杰斯所写的："最个人的，也是最普遍的。"[6]

我希望，这本书对你也像对我本人以及我的学生一样，具有个人意义与价值。在书中，我分享了许多我自己以及他人的经历和故事；我更希望，本书所依据的那些经过严格研究和科学实证的成果能够令你的生命熠熠生辉。

理

论

1.

接纳失败

人类所能犯的最大的错误，就是害怕犯错误。

——阿尔伯特·哈伯德

1987 年 5 月 31 日晚，我成为以色列有史以来最年轻的国家壁球比赛冠军。我当时非常激动，感受到一种真实的快乐。这种感觉持续了三个小时。然后，我开始觉得这个成就并非真的那么了不起：毕竟，壁球在以色列不是一项主流运动项目，参与者不过几千人。成为一小群人中最棒的一个真的很了不起吗？到了第二天早晨，我已经确信，要想得到自己所渴求的深刻而永久的满足感，我必须赢得世界冠军。我当即下了一个决心，我要成为世界上最强的壁球选手。几个星期后，我高中毕业了。我背上行囊，离开故乡，去了英国，那里被认为是全世界壁球运动的中心。我从英国的希思罗机场直接搭地铁去了位于伊灵大街的Stripes壁球俱乐部，世界壁球冠军加希尔·汗就在这里训练。虽然他自己并不知道，但是从那天起，我就已经成了他的学生。

我追随他的每一个行程，模仿他从场上到场外的每一个细节，在赛场，在健身房，甚至马路上。他每天早上去俱乐部之前会跑步7英里①，我也是；之后他会在场上待4个小时，和陪练进行比赛，并和他的教练进行练习，我也是；下午，他会做一个小时的重量训练，然后做一个小时的伸展运动，我也是。

我的世界冠军计划的第一步就是快速进步，这样我就有资格让加希尔邀请我成为他的陪练了。我的确进步很快，在我到了英国6个月之后，只要加希尔的正式陪练缺席，他就会叫我和他一起训练。几个月后，我从替补升为正式陪练。加希尔每天都会和我一起训练，在他参加巡回锦标赛时，我也会跟着去，做他的赛前热身伙伴，另外，如果比赛本身不费力（大部分比赛对他来说都不是很费力），那么我们在赛后还会继续练习。

虽然我当时进步神速，但是我也付出了代价。加希尔在长期训练中已经逐渐建立起了他适应的训练强度，我却想走捷径。当我到达英国时，我相信自己的面前只有两个选择：要么像冠军一样训练（然后我自己成为一个冠军），要么根本就不训练（放弃

---

① 1英里≈1.609千米。——编者注

　　　　　　　　　　　　　　　　　　　　幸福超越完美

自己的梦想）。也就是孤注一掷。加希尔的训练强度远远超过了我之前的任何训练。但我告诉自己：没关系，要想成为冠军，必须走冠军走的路。

可是我的身体并不配合。我后来经常受伤。最初只是一些轻伤，比如拉伤跟腱、轻微的背痛或膝盖酸痛等，没有什么大伤痛能迫使我离开球场超过一两天。我对自己的方式很有信心，虽然受了一点儿小伤，但是我用世界冠军的方法训练，而且我仍然在不断进步。

令我沮丧的是，我在正式比赛中的表现远远不如平时练习的水平。我平时可以非常专注地训练好几个小时，但一到正式比赛，赛前焦虑就会使我紧张得整晚睡不着觉，并严重影响我在场上的表现。每到重要比赛或比赛的关键时刻，我都会在压力下发挥失常。

在去英国的一年后，我参加了一个很重要的青年锦标赛并闯入决赛。当时很多人认为我会轻松夺冠，因为我在前几轮比赛中已经击败了那些实力最强的一流选手。我的教练关注着我的表现，我的朋友在为我打气，甚至还来了一个地方报社记者，他准备让全世界知道壁球场上一颗新星正在冉冉升起！我在前两局赢得非常轻松，而就在只需再得两分就可以赢得比赛的时候，我的脚开始抽筋，后来是我的腿，最后是我的手臂。我输掉了比赛。

我从来没有在练习中这么强烈地抽筋，无论我的训练强度有多大。很显然，是我心理上的压力造成了我身体上的症状。在那种场合下（还有许多其他类似的场合），拖我后腿的正是我内心对失败强烈的恐惧。在我追求世界冠军的路上，失败从来不是一个可选项。直到那时，我所在意的不仅仅是成为世界冠军这个唯一有价值的目标，在最短时间内、以最直接的方式成为世界冠军才是可接受的。通往冠军宝座的路必须是笔直的，我没有时间（而且，我相信，也没有任何理由）去关心任何其他事情。

然而，我的身体再次跟我唱反调。两年来，由于我进行了许多过快、过急的训练，因此那些小伤变得更加严重，休养时间从数日变成了数周。尽管如此，我从未停止虐待自己。终于，在21岁的黄金年龄，我已经伤痕累累，医生和专家都建议我停下来。最终，我不得不放弃成为世界冠军的梦想。我的心都要碎了，但隐约有种解放的感觉：医生给了我一个可以接受的理由，让我去接受我的失败。

结束了职业运动员生涯，我申请了大学。我把注意力从体育转到学术上。不过，我带入课堂的，却是和球场上完全一样的行为、感觉以及态度。我再一次感到了必须孤注一掷的压力，而这一次，我的冠军目标要在成绩单上体现出来。所以，每一位教授布置的作业，我都会一丝不苟地完成，我不能容忍任何不完美的成绩出现在我的作业和考试中。为了这个目标，熬夜成了家常便饭。即使在交上作业和考试过后，这种害怕失败的恐惧感仍然会让我长时间焦虑。就这样，我在大学的第一年里，始终承受着巨大的压力，并且过得十分不快乐。

 反 思　你有过上述体验吗？如果有，是什么状况？你知道你周围有谁曾经或者正在体验类似的经历吗？

我进入大学时，最初计划是主修理科专业，因为我的数学成绩和理科成绩总是很好。对我而言，这个理由已经足够支持我的选择了，这是获得好成绩最直接的方法。然而，虽然我的成绩很好，但我的不幸福和与日俱增的倦怠感渐渐把我带离这个安全的选择，我开始探索人文科学与社会科学。起初，我对于放弃理科专业感到不安，因为理科成绩让我满意，理科具有客观真实性，而比较感性的专业（对我而言，就是不能准确量化的专业，即"软科学"领域）使我感到不确定。然而，消除我的焦虑感和不快乐的愿望，远比我对于改变的恐惧和不安强烈。于是，在我大学三年级开始的时候，我将我的专业方向从计算机科学转为心理学与哲学。

我第一次接触有关完美主义的研究，是在戴维·伯恩斯、兰德·弗罗斯特、戈登·弗莱特和保罗·休伊特的课堂里。直到那时我才意识到，原来有这么多人和我一样，在为同样的问题而挣扎，只不过每个人的程度不同。无论是在学术研究中还是在所学的相关知识里，我都发现原来自己并不孤单，这让我感到些许安慰。最初，我试图在文献中寻找一种快速的、现成的方法，使自己从当时的状态（非适应的完美主义者）变为我想要的状态（适应的完美主义者），这是我始终在寻找的直线型解决方案。但是当我一次次尝试失败后，我开始深入钻研这个主题，后来，我慢慢对完美主义有了更深的理解，对于我自己，同样如此。

完美主义者与最优主义者

让我们来看看完美主义者（拒绝失败的人）和最优主义者（接受失败的人）本质上有什么不同。首先我们要理解很重要的一点，那就是完美主义者与最优主义者之间并不是完全不相干、截然不同的。没有一个人是百分之百的完美主义者或百分之百的最优主义者。相反，我们要把完美主义和最优主义理解为连续统一体，我们每一个人都或多或少地倾向于这个连续统一体的一端或另一端。

另外，我们可能在生命中的一些领域是完美主义者，而在另一些领域是最优主义者。比如，我们很容易原谅自己或他人在工作上的失误，但如果在情感上，可能一点点不如意就会让我们深受打击；我们或许可以学着接受自己的房子不够整洁，可在对待孩子的时候，我们要求他们表现得完美、无瑕疵。通常，一个完美主义者越关心某样东西，就越可能以完美主义者的思维模式行事。例如，当壁球是我生命的中心时，我每次比赛都会感受到极度恐惧；当我把注意力从体育转到功课上时，我同时也会把那种能够使我瘫痪的恐惧感带过去。相比之下，在玩我喜欢的陆战棋的时候，我就不会感到那种令我无能为力的焦虑或者其他完美主义症状，因为这对我来说纯属娱乐（除了和我的好朋友阿米尔玩儿的时候，他是我在陆战棋上的劲敌）。

完美之旅的期望

完美主义者与最优主义者在他们的目标设定或期望上，并没有必然的不同。两者可以有着同样大的野心，同样强烈的达成目标的期望。他们的不同，在于实现目标的过程中所选择的途径和方法。对于完美主义者来说，失败在通往巅峰的路途中根本不应该存在；达到目标的理想途径应该是最短的、最直接的，是一条笔直的线；任何阻碍他们到达终极目标的事物都被视为不受欢迎的障碍、前进路上的绊脚石。但对于最优主义者来说，失败在前进过程中是不可避免的，要想达到目标，恰恰需要经历失败。他们不会把过程看成一条直线，而是会看成不规则的螺旋式上升的曲线——通往目标的大方向不变，而沿途要走许多弯路。（见图 1-1）

完美主义者的期望　　　　　　　最优主义者的期望

图1-1　两种期望

完美主义者会认为他们通往成功的道路是一条笔直的线，是不会经历失败的。但这与现实并不相符。无论我们是否喜欢（当然，我们大部分人，无论是完美主义者还是最优主义者，都不喜欢），我们都经常跌倒，犯错误，走进死胡同，无数次回头，重新再来。完美主义者所期望的那种完美无瑕的成功之路，对于他自己和他的人生来说都是不切实际的。他们在打着自己的如意算盘时，其实已经脱离现实。最优主义者则是基于现实的：他们接受人生道路并不总是笔直平坦，不可避免地会遇到障碍和岔路。他们的依据是事实和理智，是现实的。

对于失败的恐惧

完美主义的核心和最显著的特征就是对失败的恐惧。完美主义者受这种恐惧驱使，他们首先要关心的是怎样避免跌倒、走错

　　　　　　　　　　　　　　　　　　　　　　　　幸福超越完美

路、犯错误、做错事。[1]他们徒劳地想迫使现实（失败是不可避免的）符合他们对于人生直线式的期望（不允许失败），就像试图将一块正方形的木头放进一个圆形的洞里。当发现这种努力徒劳无功之后，他们就会因害怕而避开挑战，远离一切有失败风险的事情。一旦真的失败，也就是当他们迟早要面对自己的不完美以及人性真实的一面时，他们就彻底崩溃了。而这种打击，只会加强他们对于未来失败的恐惧感。

最优主义者也不喜欢失败（没有人喜欢失败），但是他们理解，世上没有其他途径去学习并最终成功。用心理学家谢利·卡森和埃伦·兰格的话来说，这些最优主义者意识到"逆境并不总是坏事，因为这有可能让人有更多选择，获得更多教训，人们在顺境中往往意识不到"[2]。对于最优主义者来说，失败是一个获得反馈的机会。由于他们对失败不是那么恐惧，因此他们可以从中学习。当他们在某件事情上失败时，他们会给自己时间去"消化"遇到的问题，并且发掘原因。之后他们会继续尝试，并且会更努力地尝试。最优主义者关注点滴的成长和进步，在挫折中反思并逆流而上，他们会通过一条更加迂回的路线到达目的地，而不像完美主义者那样自始至终执着于那条笔直的道路。由于最优主义者不会像完美主义者那样动不动就放弃，或者被失败的恐惧吓倒，因此他们反而更有机会真正达成目标。

对于完美主义者来说，人生最棒的可能（其实也是他们唯一愿意接受的人生）是完全没有失败。相反，最优主义者知道，生命唯一的可能性，就是失败不可避免，总是会有很多限制，只有接受它并且从中学习，才是人生唯一的、最好的选择。

关注终点

对于完美主义者来说，达成目标是他们唯一关心的事情。而到达目标的过程（旅途）对他们毫无意义。他们把旅途简单看作一系列不得不清除的障碍，必须想尽办法清除干净以到达他们想去的地方。通过这一点我们可以知道，完美主义者其实就等于忙碌奔波型的人，他们的人生处于残酷的竞争中。完美主义者无法享受当下的快乐，完全被"达成目标"这一无法摆脱的思维吞没。下一次晋升、下一个奖励、下一个里程碑……他们深信，只有在那时他们才会快乐。完美主义者意识到，要把阻碍完全清除是不可能的，所以他们把过程看作一个为了到达终点而不得不履行的讨厌的步骤，于是他们尽力缩短过程，减少过程中的痛苦。

在电影《人生遥控器》里，男主人公迈克尔·纽曼是一个极端的完美主义者。他得到了一个可以使他的人生快进的遥控器，便把注意力主要集中在工作的晋升上，他认为这将使他获得最终的幸福。于是他用遥控器把晋升路上的所有杂事一律快进了过去。他将许多工作中的努力和困难都快进了，但同时也快进了生命中那些日常的快乐，包括和妻子做爱，因为他觉得性生活对于完成他的最终目标而言太浪费时间。在他看来，只要是和晋升没有关系的东西都是多余的。

在迈克尔周围的人看来，迈克尔是十分清醒的。但对迈克尔本人来说，使用这个遥控器的结果是他被自己麻醉了，不是那种手术中为了避免疼痛的几个小时的麻醉，而是一生都处于麻醉状态，这样他就可以避免经历任何过程，在他看来，过程只是他获得幸福的障碍，所以被快进了。其实，迈克尔就像昏睡了一辈子。当然，这毕竟是一部好莱坞电影，迈克尔最终还是意识到了自己的错误，并且得到了第二次选择的机会。而这一次，他没犯同样的错误：他选择去体会自己的人生，而不是快进。最终，他成了一个更幸福、更成功的人。在现实世界里，完美主义者因为只关注终极目标，错过了真正重要的一切，并且没有第二次机会。

对于最优主义者来说，他们对于目标的期望可以和完美主义者一样强烈，但他们同样珍惜通往终点的那段旅程。他们知道，道路是曲折不平的，有快乐和满足，但有时候并非如此。和完美主义者不同，他们不会极其看重结果，并因此无视生命中其他一切事物。他们清楚地知道，生命其实就是由通往目标的过程中所经历的一点一滴组成的，面对展开的生命长卷，他们想在全程中完全保持清醒。

"全有或全无"的极端思维

完美主义者的世界表面上看起来非常简单：事情只分为对或错，好或坏，最坏或最好，失败或成功。当然，无论是从道德观念来看还是在体育项目里，能分辨出对或错、失败或成功都是有价值的，但完美主义者这种思维方式的问题在于，在他们看来，这是唯一衡量事物的标准。在他们的眼中，没有过渡环节，没有偏差，没有复杂的特殊情况。正如心理学家阿舍·帕赫特所说："对于完美主义者来说，只存在连续统一体上的极端状况，他们无法意识到还有一个中间地带。"[3] 完美主义者的思维方式是从一个极端到另一个极端。

拥有"全有或全无"极端思维的人以截然不同的方式表现自己。当我练壁球时，我的决心是完全像冠军一样训练，我所看见的唯一一条其他出路，就是干脆不练。我唯一看重的就是冠军奖杯，我从来没有真正享受过比赛的乐趣。每当比赛时我都会感受到过度的压力，特别是到了决赛的时候，因为我的一切，我全部的自我价值，都系在赢得每一分，以及每一局、每一场比赛上：我要么是冠军，要么是一个完全的失败者。对于被这种极端思维控制的人来说，在通往终点的笔直的道路上的任何一个偏差，无论多么微小，多么短暂，都是一种不幸的失败。

我并不是说最优主义者完全不在乎输赢、成败、对错，因为这也是连续统一体上正好相反的"极端"的可能情况。[4] 但是最优主义者认识到，虽然这些标准是存在的（你在比赛中赢了或输了，你在追求目标的过程中成功了或失败了），但是在两个极端中间，还存在着许多可能性，这些可能性是必需的，并且它们本身价值非凡。一个最优主义者，绝对可以看见我在盲目模仿加希尔·汗时所看不见的：在"像世界冠军一样训练"和"干脆不练"中间，我还有许多其他选择，而当中的很多选择是既健康又适合我的。一个最优主义者在不算完美的表现里，也可以找到价值和满足，也就是"幸福"。这是我作为完美主义者无法得到的。

防御性

和失败一样，批评也会让我们感受到暴露缺点的威胁。由于完美主义者具有"全有或全无"的极端思维，因此他们会把每一次批评看成世界末日，看成对他们自我价值的危险攻击。完美主义者往往会在被批评时变得极有敌对性，并因此看不到批评里的任何价值，以及从中学习的可能性。

哲学家米赫内亚·莫尔多维亚努认为，"当我们说，我们想知道真相时，我们其实是想说，我们是对的"，这就是完美主义者的真实写照。和许多人一样，完美主义者也会说他们想从别人身上学习。但是他们不愿意付出任何学习的代价，比如承认自己的不足、缺点或错误，因为他们最关心的便是证明他们是正确的。

在完美主义者的内心深处（或者，不一定那么深），他们非常清楚，他们的对抗性、防御性行为只会伤害他们自己以及减少他们成功的机会，但是他们对于自己和这个世界的全部理解方式，又使得他们很难做出改变。有两种心理机制引发了这种防御性，这两种心理机制是自我肯定与自我确认。[5] 自我肯定是指希望自己和他人积极看待自己；自我确认则是指希望自己和他人正确认识自己，即认识一个真实的你（或你认为的真实的你）。然而，这两种机制往往是有冲突的。比如，一个低自尊的人可能会希望他在别人眼中看起来很好（自我肯定），但同时又希望别人像他自己一样能看到真实的自己，也就是说，知道他是一个没有自信的人（自我确认）。虽然这个人希望自己被认为是有价值的，但他的低自尊又让他感觉自己是无价值的。最终，为了感觉到别人眼中的自己便是真实的自己，他还是想被别人认为是无价值的。自我肯定与自我确认都是强大的内在驱动力，而当这两种力量发生冲突时，到底哪一种会占上风，则取决于个体和具体情况。

对于完美主义而言，自我肯定和自我确认趋于一致，便产生了极为强大的防御性。完美主义者都希望自己在别人眼中看起来很好（自我肯定），因此他们试图通过将自己完美化来避免批评。完美主义者对自己的认知（也是唯一他们能接受的认知）就是完美，而他们也会尽可能地说服别人相信，他们看待自己的方式是对的（自我确认）。他们会不顾一切地保护他们的自尊和自我认知，也不允许任何批评让他们看起来不够完美。

相比之下，最优主义者乐于接受建议，他们能够认识到反馈的价值，无论这些反馈来自失败还是成功，来自他人的赞扬还是批评。虽然被指出缺点时，人们往往会不高兴（大部分人不喜欢被批评，就像大部分人不喜欢失败一样），但他们依然会开放地、诚实地思考这些批评是否有道理，并自问是否可以从中学习并自我提高。由于他们认可反馈的价值，因此他们会主动寻找反馈，并且对那些愿意指出他们缺点和优点的人保持一颗感恩的心。

挖掘缺点

亨利·戴维·梭罗说："那些缺点挖掘者，即使在天堂里也一样可以找到缺陷。"[6] 完美主义者对于失败的恐慌，使他们总是关注一个杯子里空着的一半。无论他们多么成功，他们的缺点与不完美都会让他们觉得一切成就黯然失色。完美主义者纠缠在挖掘缺点和"全有或全无"的极端思维里，甚至会把半空的杯子看成全空的：挖掘缺点使他们看到空着的一半，而"全有或全无"的极端思维又把这种态度推向极端，似乎杯子是完全空的，他们看不到有水的一半。他们有一种幻觉，觉得笔直的路线是可能的，过失是完全可以避免的，这使他们对完美路径上的任何偏差和不完美都保持警惕。完美主义者不断搜寻缺陷，并真的发现它们，当然——就算是天堂也难逃一劫。

拉尔夫·沃尔多·爱默生曾说："对于不同的头脑，同一个世界可能是地狱，也可能是天堂。"[7]我们对世界的主观解释，决定了世界在我们眼中的样子；我们所关注的内容不同，所以我们眼中的世界大不相同。比如，比较糟糕的体育成绩或学业成绩被完美主义者视为灾难，还可能导致他们逃避日后的挑战；而最优主义者不同，尽管他们也会因失败而沮丧，但他们更多地把失败视为学习的机会，失败可以促使他们更努力地投入，而不是令他们彻底崩溃。最优主义者通常是价值发现者，他们会在黑暗中寻找一线光明，会把酸涩的柠檬做成微甜的柠檬水，会看到生命里光明的一面，并且不会挑剔作家们使用的那些陈词滥调。由于最优主义者拥有把挫折变为机会的才能，因此他们在一生中时常保持乐观的态度。

然而，虽然最优主义者在任何情况下都倾向于关注潜在的益处，但他们仍然知道，并不是每一个负面事件都能带来积极的好处，毕竟这是一个充满错误的世界。很多时候，人们对一些事件的消极反应和情绪，恰恰是最合理的。一个完全看不到消极面的人，只是在盲目乐观，他们和那些只看到消极面的人一样，是不现实的。

苛　刻

无论是对待自己还是他人，完美主义者都非常苛刻。当他们自己犯错或失败时，他们很难原谅自己。这种苛刻的态度来自他们的一个信念：一生中都顺利、不摔跤是完全有可能的（当然也是值得期待的）。所有错误都是可以避免的（避免犯错是他们能力范围内的事），于是，他们认为对自己苛刻便是对自己负责任。完美主义者在负责任的观念上，也有着不健康的极端态度。

最优主义者为自己的错误承担责任并从失败中学习，但他们同时乐意接受错误和失败，犯错误和体验失败是不可避免的。最优主义者对失败的理解要深刻得多，他们也更愿意原谅自己的过失。

完美主义者对自己的苛刻，以及最优主义者愿意原谅自己的态度，会延伸到他们对待他人的方式里。我们对待他人的行为往往体现了我们对待自己的方式。我们对自己友善和富有同情心的行为，通常会转化为对他人友善和富有同情心的行为；反之亦然，对自己苛刻的人一般也会苛刻地对待他人。

刻　板

对完美主义者来说，能通往他们心中所向往的地方的只有一条路，并且是笔直的。他们为自己设定的道路（对待他人也是一样）是僵化的、不能变通的。就连他们表达自己意图的语言，如应该、不得不、必须、必将，都是绝对化的、充满大道理的。

在完美主义者的决策过程中，个人感受是无关紧要的。他们把个人感受看成有害而无益的，因为感觉的可变性太大，经常不稳定、反复无常，无法符合他们"必须""不得不"等教条思维。意外是危险的：未来本应该是可以被预知的；改变是敌人：顺其自然和即兴发挥过于冒险；玩乐心态是不允许存在的，特别是在他们重视的领域，除非各方面已经被提前清晰而严格地界定。

完美主义者的刻板思想主要（至少一部分）源自他们强大的控制欲望。完美主义者总是试图控制自己生命中的各个方面，因为他们害怕一旦交出一点点控制权，自己的世界就会开始失控并开始瓦解。无论是在工作上还是在其他方面，他们都喜欢自己亲自完成所有事。他们通常不愿意相信别人，除非他们能确认别人可以完全按照他们的意图行事。这种对失去控制权的恐惧与他们对失败的恐惧是密切相关的。

刻板思维还在其他方面显现出来。假设，有一个人为自己设定的目标是成为一家咨询公司的合伙人，他每周工作至少70个小时。他在公司做得并不开心，而他心里很清楚，曾经最让他满足的工作，是他大学的一个暑假在餐厅里的一份工作。但是他拒绝改变行动计划（他还很有可能拒绝承认自己其实是痛苦的），继续向成为合伙人的梦想前进。无论代价是什么，他都拒绝放弃

　　　　　　　　　　　　幸福超越完美

他的目标，拒绝在成为合伙人这件事上遭遇"失败"。

最优主义者也会替自己设定有野心的目标，但和完美主义者不同的是，他们并不会将自己束缚在这些目标上。比如，他可以决定继续投入时间和努力去成为一家公司的合伙人，但可以把自己的日程安排得适当宽松一些；甚至拿出一点儿时间来认真想一想，是不是开一家餐厅才是他的正确选择。

换句话说，最优主义者不会去依靠一张死板的地图来规划自己的方向，他们更喜欢使用一个会动的指南针。指南针给他们信心，让他们去面对曲折的旅程，去走蜿蜒的小路。他们有非常清晰的方向感，同时也充满活力，具备适应性，愿意接受不同的选择，能够带着好奇心去应对未知的曲折和往复。因为他们知道条条大路通罗马，所以他们会更灵活，不会没有主心骨，愿意接受各种可能性，但并非漫无目标。

表1-1　完美主义者和最优主义者的不同表现

完美主义者	最优主义者
认为旅程应该是直线	认为旅程可以是不规则的曲线
害怕失败	视失败为反馈
关注终点	关注终点及过程
具有"全有或全无"的极端思维	具有丰富的、变通的思维
具有防御性	接受建议
缺点挖掘者	价值发现者
苛刻	宽容
刻板，一成不变	适应，可动态变化

反 思 你有完美主义者的特征吗？这些特征如何影响你的生活？

后　果

当然，大部分完美主义者并不会表现出以上我提到的所有完美主义特质，他们在不同情况下也会表现出不同程度的完美主义特质。但是，他们所表现出来的这些特征越多，就越会遭受完美主义带来的混乱、问题和挑战。这些后果包括低自尊、饮食失调、性功能障碍、抑郁症、焦虑症、强迫症、恐惧症、身心失调、慢性疲劳综合征、酗酒、社交恐惧症等，这些问题都会让人走向崩溃，并且让人际关系陷入重重困难[8]。我将详细阐述这些后果。

低自尊

完美主义对于自尊心有着破坏性的影响。想象一下，一个孩子成长在这样的家庭里，无论他做什么，都会受到批评和贬低；再想象一下，一个员工总是被他的老板揪住缺点不放，无论他怎么做，老板都不满意。这样的孩子或员工能有健康的自尊心吗？不太可能。相反，更有可能的是，他们就算在别的地方获得一些自尊，也会在这样的环境中，很快被剥夺一空。我们没有一个人愿意像那个孩子或员工一样，生存在那样的环境里。但事实上，完美主义者天天生活在这样的环境里，唯一不同的是，这样的环境是他们强加给自己的。

由于完美主义者生活在无休止的忙碌奔波中，因此他们享受自己成就的时刻是相当短暂的。他们对失败的关注比对成功的关注强烈得多，因为每当他们成功完成一个目标时，他们都会立刻开始担心下一个目标，猜测一旦在下一个目标上失败会怎样。完美主义者的"全有或全无"思维模式，会使他们夸大每一个微小的挫折，视其为大灾难，将其看作对他们作为人的根本价值的打击。当他们开始对自己吹毛求疵时，他们的自我感觉必然受到极大的伤害。

今天，当我回顾我的壁球生涯时，我对于我的努力、为目标的付出，以及我的成就都感到非常自豪。可是在当时，我的自尊心常常受到失败和可能失败的打击。那时，几乎没有人察觉出我的低自尊。对于完美主义的我来说，暴露自己的弱点或不完美，根本是不可想象的。完美主义者会不断自我美化，并且试图向外部世界显露一种无瑕疵的假象。心理学家纳撒尼尔·布兰登把这种行为叫作虚假自尊："伪装下的自信和自尊，我们是无法真正感受到的。"⁹

与完美主义者不同的是，最优主义者不会把自己囚禁在一个自造的心理监狱里。事实上，最优主义者的自尊会随着时间的推移而不断加强。我对我的学生所抱有的众多期望中的一个，便是希望他们能尝试更多的失败（虽然他们对我这个建议不怎么感兴趣，但这是可以理解的）。如果他们失败的次数多，就表明他们在不断尝试，表明他们在为自己承担责任并挑战自我。只有经历自我挑战，我们才能真正学习和成长。失败通常比成功更能令我们进步和成熟。当我们勇于挑战自我时，当我们跌倒了再爬起来时，我们会变得更强壮，更有韧性。

在有关自尊的研究里，理查德·贝德纳尔和斯科特·彼得森指出，解决问题的经验告诉我们，应对挑战和失败的风险将增强我们的自信心。[10] 如果我们因为可能失败而逃避艰难和挑战，那么我们传达给自己的信息是：我们对眼前的困难无能为力（这里是指我们不能应对失败），我们的自尊心因此而受打击。但如果去挑战自我，那么我们是在告诉自己：我们有足够的坚韧去应对一切失败的可能。去迎接挑战而不是逃避，对于我们的自尊的建立有着长远的重要影响，这种影响绝不仅仅在于赢了还是输了，成功了还是失败了。

有意思的是，我们整体的自信以及对自己应对失败的能力的信心，在我们失败时反而加强了，因为我们意识到，我们一直所惧怕的那头野兽——失败，其实并没有想象中那么恐怖。就像绿野仙踪中的巫师一样，当他从窗帘后走出来时，我们发现，他原来是这样的；而当我们直面失败时，它也不过如此。长期以来，完美主义者花大把的力气去逃避失败，其实完全不值得。恐惧失败的痛苦，往往比真正失败的痛苦强烈得多。

在哈佛大学 2008 年毕业典礼上，《哈利·波特》的作者 J. K. 罗琳在演讲中谈到了失败的价值：

> 失败意味着剥去无关紧要的一切……我终于自由了，因为我最大的恐惧已经成为过去，而我依然活着，依然有我深爱的女儿，依然有着我那古老的打字机和我的奇思妙想。一无所有成为我重建生命的扎实根基……失败给了我内在的安全感，这是在考试中无法获得的；失败教我认识未知的自己，这是无法从其他事情中学到的。我发现我有着强大的意志力，我比我以为的更自律；我还发现，我的那些朋友远比红宝石更有价值……当你认识到挫折可以使你变得更聪慧、更强大时，你具有了真正的生存能力。只有经历逆境的考验，你才能真正认识自己，真正理解爱的力量。

我们只有真实地经历失败，与失败共处，才能学会如何应对失败。我们越早面对困难和挫折，越能更好地面对未来道路上的种种障碍。

没有被失败历练过的才能和成就是有害的，甚至是危险的。在文森特·福斯特被克林顿总统任命为白宫法律顾问之前，他的职业生涯可谓一帆风顺。福斯特的同事说，他在事业的道路上没经历过什么挫折，"从未有过。连小小的失败都没有……他的人生扶摇直上"。后来，当政治丑闻导致克林顿政府和他的部门成为焦点时，他"感到没有保护好总统，没能让整个事态处于掌控之中"。这个被他认为失败的事件严重打击了他，他无法接受成功以外的任何纰漏。他自杀了。因为他之前的人生经历从来没有为他做好准备，让他应对失败带给他的巨大心理冲击。[11]

并不是说生命中的失败是愉快的或轻松的（两者都不是），更不是说人生完全没有那种十分具有破坏性的失败。然而，比起失败带给我们的伤害，不去尝试以逃避失败，会对我们长期的成功和整体的幸福感造成更大的破坏。就像丹麦神学家索伦·克尔恺郭尔所说："勇于挑战可能会使我们瞬间失去平衡，而不挑战会使我们失去全部自我。"当我们勇于挑战、积极应对时，我们更有可能失败，这确实是额外的代价。但如果我们不去挑战，不去应对问题，那么我们所付出的代价可能会更多。

反思　回想你曾经接受和勇敢面对的挑战。你从中学到了什么？这样的经历带给你怎样的成长？

饮食失调

在一篇关于饮食失调和完美主义的关系的评论文章里，心理学家安娜·巴多纳和同事们指出："完美主义者具有把错误看成失败的倾向，这一特征与饮食失调具有最大的关联性。"[12] 完美主义者容易出现饮食失调，是因为在他们的"全有或全无"极端思维模式里只有极度的失败和极度的成功。因此，当他们开始关心自己的身体形象时，他们对待自己的选择或评判只有肥胖或消瘦，暴食或饥饿。对他们而言，没有一个健康的中间地带。

对于这些完美主义者的态度，媒体往往火上浇油。那些所谓完美的形象（相对于"全无"而言的"全有"）已经不再属于男人或女人的想象范围了，他们被印在杂志封面或广告牌上，被强推到我们面前。于是完美主义者忽略了一个事实，其实大多数人看起来都不像超级名模，甚至连超级名模自己在台下看起来都不像超级名模。用修图软件抹掉皱纹和斑点之后，剩下的就只有在数码灰尘中挣扎的人们了。

面对自己的肉身之躯而非完美的数码形象，完美主义者总是能从他们的外表上找到缺陷。他们的"全有或全无"极端思维模式会放大每一个瑕疵，放大每一个与理想化形象的偏差。他们会为超出的两磅①体重而深感烦忧，为破坏了他们面貌的皱纹而疯狂。然后他们会用极端的手段去消除这些看起来不完美的地方，不管是做整容手术，注射美容产品，还是忍饥挨饿，在所不惜。

---

① 1磅≈0.453 6千克。——编者注

当完美主义者试图减肥时，他们通常会采取一个极端的饮食计划，然后严格执行。终于，无论出于什么原因，当他们难忍诱惑吃了一些被禁止食用的食物时，他们都会被那种失败感再一次淹没，于是，他们便会从心理上和身体上惩罚自己。通常，在不小心吃了一口冰激凌之后，他们干脆把整桶冰激凌吃光，然后继续把眼前能看到的食物全部吃掉。因为在他们的极端世界里，要么完美地按照饮食计划减肥，要么干脆放弃。具有讽刺意味的是，就算吃掉整桶冰激凌，完美主义者也无法从中获得任何快乐，失败感让他们无法快乐地享受美味。

最优主义者并非不注意自己的外表或饮食习惯，但他们以常人的标准而非超人的标准要求自己。他们知道一个多维空间中的真人与一个经过精心编辑的二维空间照片的不同。如果他们开始关心饮食健康和体重，那么，当他们偶尔抵不住美食的诱惑时，他们不会严厉地惩罚自己。偶尔犯个小错不会使他们的行为从一个极端走向另一个极端，他们承认并且接受自己的人性。换句话说，人是容易犯错误的，他们愿意宽厚地对待自己。有时候，他们会听取奥斯卡·王尔德的建议，"通过让步来去除诱惑"——好好地享受一勺美味的冰激凌。

性功能障碍

完美主义是导致性功能障碍的最主要的心理因素之一，无论男人还是女人。一个男人对完美的性表现的期望可能会导致自己根本无法勃起，而女人可能会为了表现出完美的反应，无法真正被唤起并享受性爱的过程。对于这些人来说，每一次性爱经历都成了一次考试，伴随着潜在的、深远的影响。这样的夜晚，要么是一个令人兴奋的做爱过程，要么完全是一场灾难。"全有或全无"的极端思维方式会把一个细小的不足放大成一场巨大的灾难。而这种长期自我暗示的过程，可以真的导致男人的性无能和女人的性唤起障碍。

过分的吹毛求疵，无论是对自己的身材、性能力，还是对伴侣，都会减少性爱带来的享受。另外，完美主义者只看重结果而不注重过程的态度，导致了他们对性高潮的痴迷，反而真正减弱了性爱过程中的快乐。

最优主义者把自己看作自然的正常人，接受自己身体上和性表现上的不完美，他们能够享受每一次性爱体验。由于不是特别在乎自己或伴侣会发现或揭露什么缺陷或不足，因此他们可以自由自在地、身心愉悦地享受性爱与爱的美好！

抑郁症

完美主义者都有患上抑郁症的风险。这并不奇怪，吹毛求疵地挖掘缺点，拥有"全有或全无"的极端思维，只关注结果而拒绝享受过程中的快乐，都是导致抑郁症的因素。我们人生中的大部分时间都是在旅程中度过的，真正到达目的地和实现目标的时刻通常都非常短暂。如果我们在过程中的大部分体验都是不幸福和痛苦的，那么我们的整个人生也将是不幸福和痛苦的。

正如我们所知，完美主义者习惯不断挖掘自己的缺点，而这不但会使他们产生低自尊的倾向，还会引发抑郁症；完美主义者还会不断挖掘外界环境的缺点，这同样可以引发抑郁症。获得幸福的潜力在我们自己身上以及周围的环境中；不巧的是，导致不幸福的原因也在我们自身以及周围的环境中。由于完美主义者总是会在所有事情上找缺点，因此他们生命中的真实环境到底怎么样已经无关紧要了，他们总是试图找出一些差错，并将其放大到百分之百，这样，无论他们拥有什么或者做了什么，都会毁掉他们享受快乐的可能性。

最优主义者当然也会有悲伤情绪，但是他们能够大步跨越那些困难经历。他们在面对问题时所采取的态度是"事情总会过去的"，同时关注过程中的体验，并把更多时间投入积极面。他们的人生也有高峰和低谷，也有特别悲伤和挫败的时候，但是他们的人生不会因持续恐惧失败和夸大失败的影响而被毁掉。

最优主义者在应对挑战的准备上也相对好得多。心理学家卡尔·罗杰斯指出，要想在心理治疗中取得关键性进展，就要让患者意识到，一切事物，包括他自己，都"具有液体的流动性，而不是静止的、一成不变的固态；像一条变化的河流，而不是一块固化的石头；具有不断变化着的、杰出的潜力，而不是由固定数量的人之特性堆砌而成"。[13] 罗杰斯从本质上描述了最优主义者：他们具有灵活性，可以从任何事情中学习，而不是停滞不前；可以成长得更强大，而不是脆弱不堪；可以在激流险滩上跋涉，而不是沉沦在情绪失调中。

焦虑症

完美主义不但会引起焦虑症，而且完美主义本身就是焦虑症的一种——失败焦虑。由于完美主义者的"全有或全无"极端思维无法分辨失败的重大程度，因此他们认为每一件事情似乎都潜藏着一个大灾难，这令完美主义者始终警觉。由于完美主义者不断地、强迫性地为了无所不在的"灾难"而担忧着，因此他们一直承受着绵延不绝的焦虑，甚至恐慌。

还有另外一个因素，可以解释为什么完美主义者易患焦虑症和抑郁症，那就是刻板、不灵活的思维模式。在世界范围内，焦虑症患者和抑郁症患者都在不断增加，其中一个原因就是过于迅速的改变——市场瞬息万变，科技发展日新月异，新的生活方式和行为方式经常被宣扬和推广。而完美主义者对于如何正确地做事、正确地生活所持的固有的、刻板的观念，经常受到外部世界的挑战，而这个外部世界是一个如江河一般川流不息的世界，一个无法预知的世界。

完美主义在 3 000 年前就是一个问题，但是由于那时候的世界相对静止，完美主义者尚有生存的可能，有时甚至能活得相当不错。而在今天的世界——一个超速变化的世界，从完美主义者转变为最优主义者已经变得极其重要，甚至生死攸关。刻板的思维对于现代流动性的世界而言，是一种病态。这也是为什么年轻人中患抑郁症、焦虑症的人越来越多，甚至自杀率越来越高，无论在美国，还是在中国——一个正在经历前所未有的成长的国家，或者世界上的其他国家。

最优主义者由于在面对变化时更具有灵活性，因此能更好地应对快速更新的环境。虽然他们有时也有跟不上变化的感觉，但他们有意愿，有信心，去应对未知和不确定。变化不是威胁，而是挑战；未知并不可怕，而是充满吸引力。

反 思　你是否因为一些完美主义特质而挣扎？你在生命中的哪些方面是一个最优主义者？

成　功

许多完美主义者都清楚地知道完美主义是具有伤害性的，但是他们不情愿去改变，因为他们相信，完美主义也许不能带来快乐，但是绝对可以带来成功。英国思想家、哲学家、心理学家约翰·斯图尔特·穆勒曾面临一个假设的选择：做不快乐的苏格拉底，还是做一个快乐的傻瓜。完美主义者认为，穆勒就是在选择"做一个不成功的（也许是快乐的）懒人"，还是"做一个成功的（但是不快乐的）完美的人"。由于不想成为一个懒人，完美主义者选择了另外一个极端——成功而不快乐，他们用自己的哲学来安慰自己："没有痛苦，就没有收获。"然而，最优主义者用来挑战完美主义者的哲理是"能快乐不是更好吗"。

虽然研究指出，非常成功的完美主义者的确存在，但在其他条件相同的情况下，最优主义者更有可能成功。有一些理由解释了最优主义者比完美主义者更成功的原因，包括以下几点：

从失败中学习

且不说保持竞争力，即使为了保住一份工作，我们也必须不断学习与成长，而为了学习与成长，我们必须经历失败。历史上那些最成功的人都是失败次数最多的人，这并非巧合。托马斯·爱迪生一生中注册了 1 093 个专利，包括一些和电灯有关或无关的东西，比如留声机、电报机、水泥。他自豪地宣称，他"一路失败到成功"。当爱迪生专注于他的一项发明时，有人提醒他已经失败一万次了，爱迪生回答："我没失败，我已经发现了一万种不正确的方法。"

贝比·鲁斯被许多人认为是历史上最伟大的棒球选手，他一生中打了 714 次全垒打，这个纪录维持了 39 年。但他同时是联赛中三振出局次数最多的球员，这是棒球联赛中的另一项失败的纪录。

毫无争议，迈克尔·乔丹是我们这个时代最伟大的运动员。他经常提醒他的球迷，他也是常人，"在我的篮球生涯中，投篮不中的次数超过了 9 000 次；我输掉的比赛超过 300 场；有 26 次，我确信能够拿下比赛，在最后时刻投出关键一球，却没投中，因为我，比赛输了。我的一生中不断地失败，失败，再失败，这就是我成功的原因"。

有一个男人，他 22 岁的时候失业。一年后，他想在政坛碰碰运气，去竞选州立法委员，结果被击败。后来他尝试经商，结果失败了。27岁时，他患了焦虑症，精神崩溃了。但是他再次站了起来，并在人生经验更丰富的34岁时竞选众议员，他又失败了。5年后，同样的事情再次发生，他再度竞选众议员，结果还是失败了。显然他没有因失败而气馁，甚至把目标定得更高。在46岁这年，他经历了数十年竞选生涯的失败之后，再一次去竞选参议员，结果再一次被击败。然而，就在几年后，这个男人，亚伯拉罕·林肯，成为美国总统。

这是一些杰出人物的故事，但是他们的故事和成百上千的、已经取得或大或小成就的普通人的故事相似，他们都一路失败，最终走向成功。失败对于成功是必要的，尽管失败对于成功当然是不够的。换句话说，虽然失败不一定能保证最后的成功，但是缺乏失败注定让你远离成功。那些认识到失败与成功密不可分的人，正是那些可以学习、成长，并最终成功的人。只有学习接受失败，才能从失败中学习。

由于最优主义者和"失败"的关系不是那么紧张，因此他们更愿意尝试和冒险，也更愿意接纳反馈意见。有一个研究，它的研究结果就是在揭我的老底，研究指出，完美主义者比非完美主义者的写作能力更差，因为"他们尽力避免让别人评阅他们所写的东西，因此拒绝接受一切可能帮助他们改进写作技巧的反馈"。[14]真诚的学习愿望是成功的先决条件，无论是通过他人的反馈还是通过失败本身提供的反馈，无论一个人从事金融、教育、体育、工程，还是其他任何职业。

最佳表现

心理学家罗伯特·耶基斯与 J. D. 多德森指出，人们的表现会随着生理唤醒水平的提高而相应提高，直到这种唤醒水平达到一定水平（高于这个水平的唤醒水平会导致更差的表现出现）[15]。换句话说，当唤醒水平过低（无精打采或自满）或过高（焦虑或恐惧）时，表现往往都不佳。那么，人们在什么时候能有最好的表现呢？当人们体会到兴奋感，也就是介于无精打采和焦虑之间的中间点时，就会产生最佳表现（见图 1-2）。

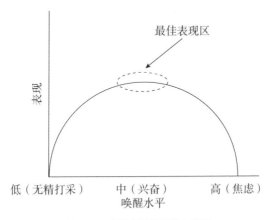

图1-2 唤醒水平的最佳表现区

在竞技体育、商业、科学、政治，或者其他任何领域，那些有顶尖成就的人如果通过努力并未达到他们的高期望值，通常会感到非常失望。但是，他们不会因为恐惧可能的失败而感到无力，而当他们真的失败时（就和我们一样，不止一次），他们也不会把失败看成一种灾难。他们一方面为成功而奋斗，另一方面又接受失败是生命中自然的一部分，这种态度使他们能体验到一种兴奋感，正是这种适度的兴奋感带领他们完成最佳表现。

享受过程

霍华德·加德纳，教育界的思想领袖之一，研究了许多杰出人物的一生，其中包括甘地、弗洛伊德、毕加索、爱因斯坦及一些很有成就但不是很出名的人物。[16]加德纳发现，在任何一个领域，只有花差不多10年时间专注而认真地工作，才有可能成为这一领域的专家或有所成就，无论是在商业领域、体育领域、医学领域，还是艺术领域。当然，并不是说10年后这种努力就可以结束了，同样的努力，甚至更多的努力，对于维持成功是必不可少的。

而对于完美主义者来说，这种持之以恒的努力是相当困难的。完美主义者痴迷于目标，无法享受过程，这终将耗尽他们的渴望和动力，使他们越来越不愿意去为了成功而努力。无论在最初他们多么充满动力，如果整个过程（也就是"旅程"）是不幸福的，那么坚持不懈的努力最终都会令他们无法容忍。到了某个时刻，尽管完美主义者仍有成功的动机，但是他们自己已经开始放弃，只为了逃避更多的折磨和痛苦。无论他们晋升高层管理者的欲望多么强烈，这些完美主义者都有可能发现过程实在太漫长，远远长于他们达成目标后满足的片刻，这令他们无法坚持。于是，他们选择了放弃，开始花尽量少的时间、尽量少的精力去应付他们的日常工作。

最优主义者在持续关注目标的同时，能够享受过程。尽管他们的成功之路并非一帆风顺，他们会挣扎、跌倒、怀疑，无数次经历痛苦，但他们的整个旅程比完美主义者愉悦得多。他们的动力不仅来自目的地的召唤（他们想要达成的目标），还来自旅程本身（他们所享受的一天又一天）。他们享有每天的快乐和持续的自我实现。

只关注目标还会以另外一种方式伤害完美主义者。许多研究证明，完美主义会产生拖拉和停滞不前的习性。[17]完美主义者会暂时（拖拉）或永久（停滞不前）推诿自己的工作，因为工作本身对于他们是痛苦的，还因为不行动豁免了他们失败的可能。完美主义者告诉自己，如果什么都不做，就不会遭受挫败。在完美主义者荒谬的逻辑里，只有结果是重要的，通过避免工作来避免失败的结果，似乎还真有点儿合情合理。然而，完美主义者忘记了，他们在降低失败的可能性的同时，一并降低了成功的可能性。

有效利用时间

"全有或全无"的极端思维方式（觉得如果不能做得完美，就没有做的价值）会带来拖拉的毛病，更有可能导致浪费时间。把一件事做得完美（假设完美是可能的），通常需要非同寻常的努力和非常多的时间，而事情本身不一定有那么高的要求。由于时间是一种珍稀资源，因此，完美主义者为此付出了昂贵的代价。

必要的时候，最优主义者会像完美主义者一样，在一项特殊的任务上投入大量时间。但并不是所有工作都同样重要，他们并不需要给予同样的关注。比如，在宇宙飞船升空之前确认所有密封舱都关上了显然至关重要，半点儿差错都不能有。但是，如果一个地面中心的工程师花上半天的时间去研究办公室用品采购单的颜色，就显然小题大做了。

在我大学的头两年里，我在每个科目的每一次作业上都投入了大量时间，而且我在每一次考试前都会同样努力地复习。随着时间的推移，我发现完美主义给我造成了严重的损耗，我开始向连续统一体上最优主义者那端转移。我的方式改变了，我采用了80/20法则，也就是帕累托法则。

80/20法则

这个原理来自意大利经济学家维尔弗雷多·帕累托，他发现了80/20现象。也就是说，一般一个国家20%的人口掌握80%的财产，一个公司20%的客户带来80%的收益，以此类推。而最近，这个原理被理查德·科克和马克·曼西尼应用到了时间管理上，他们建议，为了更好地利用时间，我们可以把精力投入20%的工作中，去获取我们想要的80%的结果。[18] 比如，我们可能需要花2~3个小时去写出一份"完美"的报告，但是可能只需要30分钟，就可以写出一份足以表达我们意愿的报告。

在大学时，当我停止做一个完美主义者，停止去读教授布置的每一篇阅读材料里的每一个字的时候，我就已经开始应用帕累托法则了。我会先浏览一遍阅读材料，然后从最"划算"的20%着手。我依然非常想获得好成绩，这个想法一点儿也没有改变。唯一改变的，是我那完美主义者的"A或0"极端思维方式。虽然我的平均成绩在开始时有一些下滑，但我可以把更多的时间投入课外活动，比如打壁球，发展我做演说家的事业，还有和朋友们相处。停止做完美主义者，不但使我比大学头两年快乐得多，而且让我从更全面的角度（而不仅仅是通过我的平均成绩这个狭窄的视角）看待我当时的人生，我的生活毫无疑问是更成功的。80/20法则直到今天仍然是我的好帮手。

反 思 思考你的80/20时间分配。哪些方面你可以做得更少些？哪些方面你需要投入更多的时间？

完美主义在每一个人身上的表现方式和程度都是不同的。因此，我在这一章里所讨论的完美主义者的特征或许和一些人有关，或许和一些人无关。而我们第一步要做的，是保持开放，而不是产生防御性，去识别出哪些特质和自己有关。第二步，是更好地理解这些特征以及它们的后果。最后，通过行动和反思，比如你在反思板块里的思考和练习板块中的实践，做出"领悟后"的改变。

在连续统一体上从完美主义者的一端向最优主义者的一端前进，是一个终生的努力计划。生命不止，努力不歇。这是一段需要耐心、时间、努力的旅程，也是一段可以充满欣然的快乐和无穷回报的旅程。

 练 习

· **行动起来**

心理学家达里尔·贝姆的研究和观察显示，我们对待自己的态度，往往也是我们对待他人的态度。[19]我们如果看见一个人帮助别人，就会觉得他是一个乐于助人的人；当我们看见一位妇女为了她的信念挺身而出时，我们会觉得她是一个有原则、勇敢的人。同样，我们也会通过观察自己的行为来给自己做出定义。当我们友好和充满勇气地行事时，我们的态度就向我们行为的方向转移，我们倾向于感觉和认为我们自己是更友好和更勇敢的人。贝姆称之为"自我认知理论"。通过这一机制，长时间的行为可以改变态度。由于完美主义是一种态度，因此，我们完全可以通过行为来改变它。换句话说，通过观察到自己像最优主义者一样行事，承担风险、离开自己的舒适区、跌倒后再站起来，我们会慢慢成为一个最优主义者。

在这个练习中，请回想一个你一直很想做，但因为恐惧失败而不情愿去做的事情。然后，去做做看！试着参演一部戏的一个角色，试着加入一个运动队，邀请某人外出约会，开始写你一直想写的一本书。当你从事这些活动时，或者在生活的其他方面，请像最优主义者一样行事，哪怕最初你只能"假装"是个最优主义者。比如寻找更多机会走出舒适区，去寻求反馈和帮助，承认自己的错误，等等。

充满快乐地做这个练习！不要担心失败或需要从头开始。将你从失败中学习的过程写下来，并思考如何应用在你

幸福超越完美

生命的其他领域。

✿ 在日记中记录失败的经历

在有关自我觉察和自我悦纳的研究里,心理学家谢利·卡森和埃伦·兰格指出: "当人们允许自己审视自己的错误,并看到这些错误可以教会他们什么时,他们会对自己和这个世界更有觉察力。他们不仅更有能力自我悦纳和接纳所犯的错误,还会心生感恩,感谢他们的错误为未来的成长指明了方向。"[20] 以下练习可以让你审视自己的错误。

利用 15 分钟的时间,写下一个你失败的事件或情形。[21] 描述一下你所做的,你当时所想的,你当时的感受,以及现在你写下它时的感受。时间是否改变了你对这件事情的看法?这次经历让你得到了什么经验教训?你能想出这次失败为你带来的其他好处吗? 这会不会让这次经历变得具有价值?

另外,把这个练习重复两三次,每天都做或在几周内完成。你可以每次都写同一次失败经历,也可以记录不同的失败经历。

2
·
悦纳情绪

那些不知道如何用整个心去哭泣的人，也不会知道如何开怀大笑。

——果尔达·梅厄

赎罪日，1973年，我最初的记忆。

在以色列拉马特甘市的公寓里，电话响了起来，父亲接了电话。他和我母亲耳语了几句。他们凝重地对视着，然后将目光转向我。我凝视着他们苍白的脸。父亲走进他自己的房间，我跟着跑进去。他穿上了军装，系好了军靴的鞋带，站起来，用大手抚过我的头发。我跟着他走出公寓，走到外面我们家青色的福特车旁边。我朋友埃斯蒂站在他父亲的身旁，他父亲也穿着军装。所有父亲都穿着军装站在他们的车子旁。我熟悉我所有邻居的车子。

"爸爸，你在赎罪日是不准开车的。"

他说："宝贝，战争爆发了。"然后他用鞋油涂黑了车灯。

"你为什么要涂黑车灯呢？"我问他。

"这样飞机在晚上就看不见我们了。"他回答道。

"是幽灵战斗机吗？"

"不，是米格。"

我恳求他："但我们还得去神殿，还要听羊角号呢！"

"你和妈妈去。"他说，然后他用嘴唇温和地触碰我的额头。他上了车，发动引擎，开车离去。

我想要追上去，但是妈妈紧紧地抓住了我。于是我开始哭，一直哭，一直哭，没法停下来。这时，一位年长的邻居沙乌尔对我说："长大后，你想成为一名军人吗？像你爸爸一样！"

"是的。"我一边抽泣，一边努力地回答着。

"军人是不哭的。"

我停止了哭泣。

古老的雅法港口，1989 年。我的不远处坐着一位老渔夫和他的夫人，他们依偎着眺望远方的船只，时不时相互对视。我注视着我的女朋友，我只有两周没见到她，但感觉比永远还久。满月的明亮光辉洒在她精致的脸上，看着她，我感觉自己热泪盈眶，我移开目光看向远方。她坐得更近了。她的手指穿过我的头发，我想要告诉她我有多么爱她。但我没有。

荷兹利亚壁球俱乐部，1991 年。以色列国家壁球冠军赛，许多人都看好我，认为我将赢得冠军并保持四连冠的纪录。但是，我输了。颁奖典礼对我而言十分残酷，但我是坚忍克己之人。我说了和做了所有正确的事情，一直到典礼结束。我和我女朋友走了出来，我们刚走出去，她就突然大哭起来。

"你为什么哭了？"我问她。

"我哭，是因为你不哭。"

第二天早上，她给我听了一首歌，那个抒情的歌词里有这样一句话：

请给我摆脱脆弱的力量。

我再一次很好地忍住了眼泪。

童年的经历教会我如何克制自己的情绪，隐藏自己的痛苦。我花了好多年才摆脱这种有害的习惯，允许自己去感受，允许自己全然为人。我最大的心理突破，是我终于认识到"悲伤是完全可以的，感到沮丧、惊慌、孤独或者焦虑并没有犯任何错误"这个观点并将其真正内在化。一个简单的领会——去感受是没问题的，这是我漫长旅程的第一步，持续的突破与前进必然伴随着进步与挫折、胜利与失败。

在上一章里，我聚焦于完美主义者如何拒绝"表现"上的失败。在这一章中，我将集中讨论他们如何拒绝"情绪"上的失败，即完美主义者所认为的情绪失败。

我们都看到了完美主义者如何僵化地看待他们的生命以及别人的生命，他们认为他们的人生"应该是那个样子的"，以及他们如何排斥所有与理想状态不符合的差异。从"表现"上来说，无论是个人还是职业上的，完美主义者的理想都是拥有笔直的通往成功的道路。从"情绪"上来说，绝大多数完美主义者的理想，是拥有一个由不间断的积极情绪构成的人生。我之所以说"绝大多数"，是因为还有一部分完美主义者会把痛苦的生活看成理想的：痛苦的灵魂、受折磨的艺术家、被唾弃的乞丐、受冤枉的好人等等。这些人所渴望的理想生命，无论是有意识还是无意识的，其实都是由不间断的负面情绪构成的人生，而他们也会拒绝任何可能感受到的积极情绪。无论完美主义者的理想是不间断的积极情绪还是负面情绪，他们都会拒绝任何与自己所断言的理想状态的差异。在我们的本性和真实的生命里，无论我们喜欢与否，我们都必须经历各种不同的情绪。如果不允许自己去体验这些情绪，不可避免的结果便是使我们的痛苦加剧，或者让我们面临更糟糕的状况，那就是无法再感受到任何情绪或情感。

相比之下，最优主义者会看到生命的本色：流动的，多变的，充满各种可能性的。就像他们会接受失败为生命体验中的一部分一样，他们会接受痛苦（和快乐）是一个鲜活的生命必然的体验。他们乐意接受这个世界所呈现的一切，乐意接受生命本身和生命所展现的各种各样的经历与情绪。所以，和完美主义者相比，最优主义者更能体会和表达自己的情感，他们可以在想哭的时候流泪，可以和朋友真诚分享自己的感受，还可以将体验写在日记中。

完美主义者期望在情感生活中保持持续高涨，最优主义者则预期他们的生命包括情绪的高峰、低谷，以及任何起伏（见图2-1）。完美主义者会拒绝他们所期待的没有波折的积极情绪之外的所有痛苦情绪，而最优主义者则允许自己全然体验人类情感中的所有情绪。

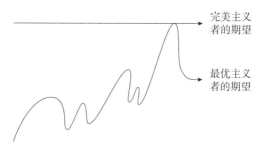

图2-1 完美主义者和最优主义者的期望

很多人在很小的时候就学会了隐藏和压抑自己的感受，无论是快乐的还是痛苦的，就像我一样。我们或许已被告诫"男儿有

幸福超越完美

泪不轻弹，成功后兴高采烈是骄傲的表现，想要拥有别人拥有的东西是一种贪婪"等等。我们或许已被教育"喜欢某人并渴望用肢体行动表达感情是肮脏的、羞耻的；相反，如果紧张或羞于在情感或身体上打开自己的内心也是不好的"。摆脱这些儿时或早期被灌输的训诫是困难的，这也是对于我们大部分人来说，打开自己的内心，让情感自然流露如此困难的原因。

 反思 能否回想起在你早期经历中，你被教育隐藏情绪或表达情绪的经历？

让感觉自然流露

想象一下，如果我们失去了对自己情绪的控制，那么我们周围的环境会变成什么样子？我们把严厉、粗暴的批评扔向那些不符合我们审美观的人；每当我们的期望落空时，无礼的言语或行为都会四处撒野；只要我们在回忆中涌起情绪，无论身处何地，我们都会泪水横飞、恣意大笑、怒发冲冠；一声低吼，某个男人就对着途经的性目标扑上去……这些野兽世界的丛林法则，冲动、急躁、野蛮的产物，将会活生生替代我们这个用混凝土造就的冰冷世界。幸运的是，我们知道如何克制自己原始的本能，能够文明化自己非文明的欲望，隐藏自己原始的冲动并驯服自己不雅的野性。

如果我们总是毫无遮拦地宣泄情绪，那么社会关系将无法维系，无论是在社区中、家庭里，还是亲密关系中。我们每一个人都会在某些时候感受到原始的情绪，比如嫉妒、愤怒、欲望，如果这些情绪是针对朋友或同事的，那么，我们一旦让情绪不加掩饰地释放，便会毁掉我们和朋友或同事的关系。我们每一个人都会在自己的想象中，触犯一些社会共同遵守的戒律，比如对邻居的伴侣产生幻想，因愤怒而伤害他人。我们起初所学的，是要在公众面前控制情绪，这是为了在世上生存（且不说成功）而必须做的。然而就像大多数人为干预和调整人之自然本性的行动一样，压抑自己的情绪也会产生副作用。

虽然当我们与别人相处时隐藏某些情绪是必要的，但独处时依然彻底排斥自身情绪是有害的。我们受到的教育告诉我们，在人前表现出焦虑情绪或哭泣是不妥的，这导致我们在独处时也去压抑这些情绪。愤怒会使我们失去朋友，而许久以后我们丧失了表达和体验愤怒的能力。我们竭力扑灭自己焦虑、恐惧和愤怒的火苗，目的是成为一个令人愉悦的、好相处的人。在这个过程中，别人接受了我们，我们却拒绝了自己。不允许自己了解和真实体验"不良"情绪，对我们的幸福感是有害的，也会阻止我们成为最优主义者。

压抑情绪的代价

在学术界，论证"压抑自身情绪会损害心理健康"的文献非常多。卡尔·罗杰斯、纳撒尼尔·布兰登等心理学家已经说明了否认自身感受会如何伤害我们的自尊。理查德·文茨拉夫和丹尼尔·韦格纳的研究证明了"逃避回想有创伤性和焦虑性的事件，往往会促使这些事件在我们的头脑中不断重现，从而引发恶性循环，使焦虑性障碍持久存在而难以摆脱"。其他研究发现，"那些自述对于抑郁的念头压抑水平越高的人，抑郁的症状越严重"。文茨拉夫和韦格纳建议与其压抑或避免某些念头，不如"接受并且表达那些不喜欢或不想要的想法"[1]，这对应对焦虑和抑郁更有帮助。

当完美主义者拒绝自己的情绪时，无论是拒绝表达情绪，还是拒绝允许他们自己体验情绪，这些情绪都只会加剧，这与他们的愿望背道而驰。大家可以试着做一做下面这个心理实验，它由心理学家丹尼尔·韦格纳设计：在接下来的 10 秒钟里，不断告诉自己，不要去想象一头白熊的样子，想什么都可以，就是别去想象白熊的样子……

极有可能的实验结果是，你无法在这 10 秒钟里停止想象一头白熊的样子。如果你真的想要不去想象一头白熊，不如允许自己想象一头白熊的样子，然后过一会儿，这个念头就会自然离去，就像每个想法最终都会离去一样。试图主动压抑一个想法，去抵抗、阻止它，只会令它更鲜活，更强烈。同样，对于情绪，比如焦虑、愤怒、嫉妒，当我们试图压抑这些情绪，试图抵挡、阻止类似的情绪自然流露时，它们只会更加强烈。最优主义者了解这一点，并且允许自己去经历这些痛苦的情绪，他们了解，只有这样，这些情绪才能真正减弱和逝去。

刚刚开始教学的时候，我所面临的一个最困难的挑战，就是克服我在大庭广众面前说话时的焦虑。作为一个内向的完美主义者，我在整个讲课过程中都异常焦虑，匪夷所思的是，我曾确信每一位听众都听得见我的心跳。我发现我很难记住自己要说的内容，并且经常会因为感觉口干舌燥而几乎说不出话来。我最初的反应是我要迎面痛击我的焦虑，拒绝容忍这种破坏性的情绪。每次上课前，我都告诫自己："你不要焦虑，你不可以焦虑，你不应该焦虑……"但让我懊恼的是，这种情绪反而更加强烈。后来，当我不再和焦虑对抗，而是让自己充分感受那种紧张和害怕时，当我全然接受自己的焦虑感，并允许它存在时，它才开始弱化。

真正接受自己的情绪不能讲条件，不能急功近利。如果我们允许自己全然为人的唯一理由，是把它作为一种达到目的的手段

（比如，为了使自己更成功），那我们的这种行为是一种假接纳。这将不会起任何作用。比如我在公众前演讲就会焦虑的例子，假接纳就等于我告诉自己："好吧，现在让我来接受自己的焦虑，因为只有这样我才能在完美的平静下完成完美的演讲。"这将不会对我的焦虑有任何帮助。我们只能真正接受情绪本来的样子，并且真正愿意与它共存。这意味着，即使痛苦情绪比我们想象的还要痛，比我们预想的还要久，我们也只能接受。真正的接受，是指不仅接受自己的难过，并且接受即使接受了自己的难过，仍然没有感觉更好一些。这种真正的接纳能力，也正是完美主义者和最优主义者的核心差异。

接　纳

卡巴拉（*Kabbala*）是犹太教内部的一套学说，它传达的一个关键信息是，我们每一个人都必须要有"接纳的意愿，以便获得影响力"。卡巴拉这个词的意思就是"接纳"，在这句话中，"影响力"的意思是充裕的精神和物质的创造力。当我们全然接受现实时，我们可以创造价值；当我们接受而不是拒绝时，我们就成了一条管道、一根导线，让智慧和美德流动其中。虽然这种说法听起来有一些神秘色彩，但是它传递的信息本质上具有科学性。

科学革命中的哲学之父弗朗西斯·培根写道："在控制大自然之前，我们必须先顺从它。"培根和卡巴拉学说所说的一样，认为在我们创造价值时，在我们利用大自然为自己谋利益之前，我们必须接受现实，依自然行事，而不是拒绝自然的存在。只有接受大自然的法则和进程，承认它们的存在而不是把它们看成可以靠人力改变的，我们才能充分利用其中的资源。科学革命的诞生，造就了工业革命的起源以及物质上前所未有的富裕，而这都是在人们采纳培根的建议，顺服大自然（接受大自然本来的样子，而不是拒绝它的法则，用人类的意志取而代之）之后才开始的。

培根的建议适用于我们的外部环境，同时也适用于我们内在的生命。完美主义者在拒绝自己的自然性，拒绝接受人会有痛苦情绪的现实时，付出了巨大的代价。最优主义者更有可能享有心灵的富有和生命的满足，因为他们认可自然性，并且接受痛苦情绪是完整生命中不能免除的一部分。同样，科学家们要想在科技的领域里取得显著成就，只有接受物理的自然法则，如万有引力定律或热力学原理。我们只有完全接受人性的自然法则，才能成长和更加富足，而无论喜欢不喜欢，痛苦情绪都永远是法则里的一部分。

治愈痛苦

如果我们往一根堵塞严重的水管里注水，那么，与一根水可以自由流动的干净水管相比，所需的水压大大增加；与其相似，如果我们允许痛苦情绪自然、自由地流过我们的身体，压力就会缓解，痛苦情绪最终会回归正常。持续加大水压会使水管损坏甚至爆炸；未释放的痛苦感受长期累积，最终会导致情绪的崩溃。这是完美主义者所面临的一个风险。而最优主义者不会把他们自己置于这样的境地，他们不会让情绪压力长期累积达到失控的境地。他们不去否定和对抗，而是接受痛苦和"不良"情绪带给他们的压力；他们不去责备自己感到焦虑，而是去接受焦虑感并且让它自然地流过心灵，按照它本身的轨迹渐渐平复。

哲学家艾伦·沃茨付出了大量的努力，把东方的禅宗带到西方，他写道："禅修大师与普通人的不同是，后者会经常用各种各样的形式，与自己的人性交战。"当我们停止否认我们是谁，停止抵抗我们的感受时，我们就卸下了一个沉重的包袱，停止了一场无休无止却永远打不赢的对抗人性的战争。

反思 你曾经在哪些方面对抗自己的人性？

维克多·弗兰克尔研究出一种方法，叫作矛盾意向法，它可以作为应对紧张和焦虑的方法。弗兰克尔建议，与其试图消灭自己的焦虑，不如尝试诱发更多的焦虑，我们应该鼓励自己感受更强烈的焦虑、紧张。这样，由于我们允许焦虑自由地流过我们，因此它会慢慢变弱。这种方法已经给了我莫大的帮助，帮助我应对我在公开演讲时的焦虑。我不再与之抗衡，而是为自己创造更多的焦虑！我告诉自己要更焦虑，要更紧张，出乎意料的是，这使我平静下来了。

心理治疗专家戴维·巴洛与他的同事们提出了一种类似的方法来应对压力和焦虑，这种方法是焦虑暴露法。那些焦虑水平极高的病人，被要求去想象，那些引发他们焦虑的事件产生了最坏的结果。这些病人得到了以下提示："很重要的一点，就是你们必须去想象最坏的情况发生了，把思绪集中于你能够想象的最困难的情形。不要避开这个念头和画面，这样做只会破坏整个练习的目的。"[2] 首先，他们鼓励病人全然体验这些情绪和随之而来的不适。之后马上进入第二步，就是冷静下来并去分析和发现自己想象中的不合理性。虽然他们的焦虑作为"焦虑暴露法"的结果在最初反而增加了，但焦虑感很快降低到正常水平。病人们通常会因为焦虑原来可以这么快、这么自然地减弱而感到惊讶不已。

佛教徒、科学家马修·理查德曾说："你越是观照你的愤怒，它在你眼皮底下消失得越快，就像太阳下的冰雪一样。当一个人诚实地观照它时，它会一瞬间失去力量。"[3] 这同样可以应用在嫉妒、悲伤、焦虑、憎恨以及其他痛苦情绪上。

我们生来带着自我修复的能力。我们可以击退病菌，修复折断的骨头，长出新的皮肤。为了进行身体的自我修复，我们需要给天然的治疗者足够的时间去完成他的工作。我们拥有同样的机制，可以修复心理上受到的伤害。但在进行自我心理修复时，我们除了要给予足够的时间，还要花心思留意我们情绪上的痛苦，并保持关注。就像我们不需要找专业医生来治疗每一次小小的擦伤一样，很多情况下，让我们内在的心理医生发挥作用就已经足够了，不需要外部的帮助。

牛津大学的心理学家马克·威廉姆斯和他的同事指出，有意地、用心地关注自己因抑郁症而产生的身体表现，能帮助人们克服抑郁症，还能在康复之后防止复发。事实上，研究者发现，通常"在试图治疗抑郁的时候，如果只是用惯常的'解决问题'的模式，只去'修正'我们'错误'的地方，那么往往只会将我们推向深渊"。[4] 让大部分人（不是所有人，却是大部分人）心灵更富足的方法，并不是修正（做什么），而是接受（是什么）。

也只有在这种模式下，我们内在的天然治疗者才能发挥它的魔力。正如威廉姆斯所写："当我们对于身体上的不适的态度，从排斥和忽略变为友好地关注时，我们才能改变我们的体验。"接受自身的情绪就是温和地看着它，把它看作我们人性的一部分去欢迎它，把它当成一件有趣和有价值的事情去经历它。对我而言，在演讲之前，我只是简单地在心中感受我的焦虑，而不是尝试改变它；留心观察焦虑造成的我身体上的不适，而不是一味想把这些不适赶跑，这个方法帮助我降低了焦虑感。

请注意，仅仅去悦纳痛苦情绪，而不要对痛苦情绪反复思虑。这两者有很大的不同，认识两者的不同十分重要。悦纳，只是温和地与情绪在一起；而思虑则使人陷入对某种情绪的反复思考。让思绪困扰于情绪本身或引发情绪的事件，是徒劳而无益的，这只会加强消极情绪，而不是让它渐渐消减，对情绪"反复思虑本身是问题的一部分，而不是解决方案的一部分"。[5]

这并不是说，分析和思考情绪本身或引发情绪的原因，无法帮助我们感觉好一些。但是，与其让这些想法在我们脑海里无休无止地反复回放（思虑），不如做出更好的选择，通过语言或写作去表达自己的想法。持续在个人日记中写下自己的想法和感受有相当大的好处[6]。在一系列实验里，心理学家詹姆斯·潘尼贝克证明，连续4天，每天花20分钟将自己所遭遇的困难经历写下来的学生，明显比其他学生更快乐，也更健康。[7]与我们信任的人交流，倾吐我们的想法或分享自己的感受，也和写日记一样有帮助。

我们确实不需要在大街上声嘶力竭，或者对着让我们愤怒的

　　　　　　　　　　　　　幸福超越完美

老板提高嗓门，但我们确实应该为自己提供一个表达情绪的渠道。我们可以向朋友诉说自己的愤怒或焦虑，在日记中写下内心的恐惧或嫉妒，加入一个由那些和我们有相似遭遇的人组成的团体。有时，当我们独处或者和关心我们的人在一起时，我们应该给自己一个让眼泪自由流淌的机会，无论是悲伤的泪水还是喜悦的泪水。

反思　你生命中那些痛苦情绪的出处是什么？哪些人是你信任的人？你可以与哪些人建立信任？你有写日记的习惯吗？

人类情绪的范围

我和我妻子塔米在我们的第一个孩子戴维出生时，听到的最好的建议来自我们的儿科医生。他说："在接下来的几个月里，你们将经历所有情绪范围内的感受，而且经常是很极端的，比如经历喜悦和敬畏，挫折和愤怒，幸福和烦恼。这很正常，我们都会经历这些事情。"他说得一点儿都没错！虽然当时充满了喜悦，但是确实也有困难的时候。比如说，当戴维一个月大时，我居然开始嫉妒他。为什么？因为自从我和我妻子开始约会，她第一次关注另一个人超过关注我。但是，就在感觉到嫉妒 5 分钟之后，我对戴维产生了无比的爱意。我一开始觉得自己简直就是个伪君子，甚至质疑自己的爱是否真实：我怎么可能在爱一个人的同时又对他感到嫉妒呢？而这时我们的儿科医生的话回响在我脑海里，提醒我无论什么感受都是自然而正常的，重要的是让自己全然为人——允许自己做一个正常的人。

医生的建议在两个方面帮助了我：第一，由于我意识到并且接受了（而不是拒绝和压抑）我嫉妒的感觉，因此那种感觉慢慢平息了，也失去了对我的控制力。第二，我所体验和享受到的爱的感觉更加强烈，而不会被内疚感和不真诚感毁掉。

悦纳是健康的情感生活的先决条件。当我们接受自身的情绪，欢迎我们人性中的每一点时，我们才能给自己空间，让自己去感受自己的心情。当我们为了将痛苦情绪拒之门外而关上情绪的阀门时，我们不可避免地一并限制了积极情绪的自由流动。所有情绪，无论是积极的还是痛苦的，都从同一管道流过，所以我们如果阻挡其中一种情绪流过，就会影响我们感受另一种情绪的能力。当我拒绝接受失败后内心的难过时，我也阻碍了当美好降临时享受喜悦的能力；当我不承认自己对伴侣的愤怒时，我一并限制了爱她的能力；当我拒绝内心的恐惧时，我便遏制了我的勇气；当我不允许自己去感受嫉妒时，我便削弱了慷慨之心。心理学家亚伯拉罕·马斯洛曾说："当一个人通过自我保护去抗拒内心的地狱时，他一并切断了通往内在天堂的道路。"

没有人能在生活中去享受"完美"的情绪，即一个充满了不间断的积极情绪的生命。通过拒绝痛苦来获得这种所谓完美的生命体验只会导致更多的苦楚。为了最佳地发挥人性的优点，让自己去过可能的最美好的生活，我们需要给自己全然为人的机会，给自己空间去体验与表达人类情绪范围内所有的情绪。

接纳与听任

接受自身的情绪代表着要听任它吗？纳撒尼尔·布兰登解释道：

愿意去经历并且接受自身的情绪并不代表要让情绪完全主宰我们。也许我今天不想工作，我可以意识到自己的情绪，体验它，接受它，但我依然可以去工作。我会以更清楚的思路投入工作，因为我并没有自我欺骗地开始我的一天。通常，当我们全然经历与接受负面情绪时，我们才能更好地释放它们；让它们有发言权，它们才会交出霸占已久的中心舞台。[8]

顺着类似的思路，心理学家乔恩·卡巴特-津恩指出："接受当下的状况完全不代表我们屈从于正在发生的事情，这只表示我们让自己清晰地意识到正在发生的事情是什么。"[9]事实上,悦纳自我是我们为了改变自己所采取的第一步。卡尔·罗杰斯是"以咨询者为中心"心理疗法的创始人,他指出,"一个奇妙的悖论是,我们接受'我是什么'的时刻,恰恰是我们开始发生改变的拐点"[10]。比如,如果我对别人对我的看法过于敏感,我想对此做出改变,而每次我都自责,那么这种自责是无助于改进的。如果我接受自己,接受自己的敏感性和其他一切,那么我的弹性反而会得到加强。接受自身情绪、接受自己的时刻,才是我以最佳的情绪状态和心态进行改变的时刻。

接受自身情绪并不暗指我们喜欢这些情绪,我们只是在给自己许可、空间、自由,让自己自然地体验。接受自己的情绪也不意味着我们接受了由这些情绪引发的行为;我可以经历对我孩子的嫉妒(情绪),但依然非常慈爱地为他做这做那(行为);我可以经历演讲前的焦虑,但我仍然选择教学。这就是主动接纳与被动听任的本质差别。

积极的接纳

曾经有一位首席执行官向我表示,他非常有兴趣让我做一场关于领导力的研讨会。我请教并邀请了我的一位朋友,他不但是领导力方面的专家，而且是一位非常出色的演讲者。我俩一起设计这个研讨会，并且分享了许多教学经验。当我看到朋友与我的客户沟通，目睹台下的听众被他的口才折服时，我开始后悔邀请他加入。我嫉妒他。

我对自己的这种感觉十分心烦意乱，甚至此后三天我辗转反侧、难以入睡。我怎么可以嫉妒自己的朋友呢？我怎么能在得到他的帮助时却后悔邀请他与我一道工作呢？特别是当时在场的听众与我都从他那里学到了很多东西。最后，我决定告诉他我的感受，一部分是坦诚地认错，一部分是请教。结果他告诉我，当我在台上说话的时候，他的感受和我完全一样，他也嫉妒我。自从那天起，我们经常讨论各自嫉妒时的感受。我们只是简单地谈论嫉妒，就让彼此的感受好了很多，而且令我们的关系越来越密切。我们唯一的结论是，嫉妒是自然的，不可避免。

某些感受无法逃避。没有人可以完全不经历嫉妒、害怕、焦虑、愤怒。重点并不在于我们是否会经历这些情绪，因为我们绝对会经历，重点是情绪来临时我们应该做些什么。我们要做的第一个选择是，拒绝还是接受自己情绪化的反应，去压抑还是去认可情绪的存在；我们要做的第二个选择是，按照自己的原始冲动做出反应（比如说，和我们所嫉妒的人停止合作），还是超越这种冲动（尽可能与更多有才能的人建立联系）。第二个选择可以变得更容易，前提是，我们先接受自身的情绪：如果我们压抑负面情绪，那么它们通常会变得更强烈并且更可能控制我们。

我们如果拒绝接受自己对朋友的嫉妒，就极有可能非常不友好地对待他们，还会将自己的行为合理化。我们如果不承认自己害怕与某人约会，就更有可能避开这个人，最后还会说服自己，其实我并不是真的喜欢这个人。当时我如果否认对朋友的感觉是由于嫉妒引发的，就很可能为我不舒服的感受找另一个借口。我们是既感性又理性的生物，每当我们有一种感觉出现时，我们都需要为我们的感觉寻找合理的理由。如果不去面对我们情绪背后的真实原因，或者不承认那些自己不喜欢的感觉，我们就很可能会从对方的身上寻找错误，来解释为什么我们与他相处会如此不舒服。我们通常会为了避免将自己丑化，而将错误归于对方，这其实是我们自己的问题。

压抑自己不喜欢的想法或感受还有另外一个潜在的害处。在"防御性"研究里，心理学家兰纳尔德·纽曼和他的同事发现，"当人们设法逃避自身的缺点时，他们通常会想方设法在他人身上挖掘出同样的缺点"[11]。那些不被人喜欢的想法和感觉变成了"常客"（当我们克制自己，让自己不去想象白熊的时候，白熊就变成了我们脑海中的"常客"），我们随时都会看到这些不喜欢的想法和感受，有时会在他人身上看到；就算别人身上根本没有这些让你不喜欢的特点，你也会将之投射到他身上。

我们因不承认自己的想法和感觉而破坏自己的境况。当时我如果否认了自己对朋友的嫉妒心，就很可能反过来指责朋友的嫉妒心，或在其他人身上发现嫉妒心。这个过程从我压抑自己的真实感觉开始，最终伤害了我自己、我的朋友、我们的关系，甚至其他人。

每当我们压抑自己的痛苦情绪时，我们以及身边的人都会付出代价。比如，我们如果不承认在爱情关系中的愤怒，就很可能会把那种愤怒向外"放射"，比如在我们的伴侣甚至其他人身上捕捉到愤怒，即使他们并不是这样的，最终不经意伤害了伴侣或亲密关系。在工作上，当我们不真实时，如该说的话不说，或者所说的话自己都不相信，只为了迎合别人，并且拒绝承认自己的行为时，我们将看到自己周围充斥着越来越多的不诚实，并且开始不公正地批评别人。只有接受自身感觉，无论是我们喜欢的还是非常讨厌的，我们才有可能做出真实行为，具有高尚的表现。

 反思 你在生命中什么时候会感到嫉妒？体会自己的感觉，请不加改变地接受它们，然后依照自己所定义的高尚，负责任地行动。

如果你拒绝接受万有引力，那么生活会变成什么样子？首先，由于你不理会无论一件东西还是一个人都会无一例外地从半空中坠落的原理，因此你可能根本无法生存。就算你活下来了，你也可以想象一下，活在一个你不认同的、无法控制的世界里，你会产生多么大的挫败感。所以，哪怕我们不喜欢万有引力，我们依然要接受它，并且学着存活在它的限制里。

痛苦情绪是人性的一部分，就像万有引力是物理规律的一部分一样，但大部分的人愿意接受和拥抱后者，拒绝和否认前者。为了活得充实而健康，我们需要像接受其他自然现象一样接受自己的情绪。当我们愿意接受物理规律，比如万有引力，并把它当作准则时，我们才能发明出像飞机这样的机器，才能创造出对抗万有引力的比赛项目（想象一场没有地心引力的奥运会）。同样，当我们愿意接受人的本性，比如痛苦情绪时，我们将更有能力为自己设计真正想要的人生。你会从一个不接受万有引力的设计工程师那儿购买飞机吗？为什么不以同样的标准来看待自己的人性呢？为什么你自己的幸福如此重要，你却不依照人的本性去设计和体验你的幸福？

道德与情绪

当我们责备自己的某种感觉时，其实我们对自己并不公正。道德评判（判断行为的好坏）的前提是可以选择。而当我们没有选择时，我们也就丧失了道德评判的基础。比如，我们可能不喜欢万有引力，但是万有引力本身不是一件能用好坏来判断的事情，它就是一种现象。同样，我们可能不喜欢恐惧的感觉，但恐惧本身也没有所谓的好坏之分，它也是一种现象。嫉妒自己的朋友，并不代表我就是一个坏朋友；如果我因为这种嫉妒心而去妨碍别人的成功，我就成了一个坏朋友。为了与自己喜欢的人约会而感到焦虑，并不能表示我就是一个没有勇气的人，但是由于害怕失败而逃得远远的，则说明我缺乏勇气。

在奥普拉·温弗瑞对纳尔逊·曼德拉的一次采访中，曼德拉展示了积极接纳的价值。当他描绘自己和其他黑人对于种族隔离制度的看法时，他说：

> 我们的情感告诉我们，白人是我们的敌人，我们绝对不可以和他们交谈，但我们的理智告诉我们，如果我们不和他们交流，我们的国家就会遭到战火的侵袭，而且血流成河的悲剧将绵延多年。所以我们必须化解目前的冲突，而我们之所以会与敌人沟通，是因为理智战胜了情绪。

曼德拉公开承认了自己的感觉："当我想起过去，想起他们所做过的事情时，我会感到愤怒，但那只是感觉，而理智往往都是最后的赢家。"曼德拉并没有伪装自己的感觉，他对于那些关押他 27 年，并且因为肤色压迫他数百万同胞的人，一点儿好感都没有，他并没有假装对他们还有慈悲、温和的感觉。苦难、愤怒和报复的感觉确实存在，非常真实，承认这一现实帮助曼德拉带着理智去思考，去行动。他首先选择接受自身的情绪，继而选择对他的敌人表现出大度和仁慈，正因为如此，曼德拉最终带领南非度过了该国历史上最具挑战性的革命年代。

我们的脑海中都有一个理想中的自己，一个我们精心设计的期望成为的人。虽然我们无法每次都感觉自己像这个理想中的自己（比如总是毫无畏惧又非常有同情心），但是我们可以在行为上尽量与我们的理想保持一致（表现得勇敢、大方等等）。

积极接纳指的是认可事情本来的样子，然后选择我们认为最适当、最有价值的行为。这意味着我们在生命中的每一刻都可以选择：心有恐惧却勇敢行动，感到嫉妒却大度待人，接受自己的本性却依然充满人道。

 什么样的痛苦情绪对你来说难以接受？一旦你接受了，你可以采取的相应行动是什么？

情感的成长

当我们失去所爱的人时，这种痛苦是无法形容的。留下来的人，哀痛之后常常无法面对失去逝者的生活。然而，每个人后续的故事都有着极大的不同。有些人深陷丧亲之痛始终无法自拔。还有一些人则在悲痛一段时间之后继续前行，在行为和情绪上仍能恢复如常。最终，还有一些人体验到劳伦斯·卡尔霍恩和理查德·泰代斯基所称的"创伤后成长"；丧失亲人的经历带给他们深刻的转变，他们更加感激生命，他们的人际关系改善了，并且他们变得更有韧性。[12]

邦尼死于 1997 年 12 月 19 日，那是她 30 岁生日前的两周。她的航班，丝路航空 185 号，从雅加达起飞，于下午 5 点坠机，坠机时间是预计到达新加坡国际机场的一个小时前，也是她答应打电话给我的两个小时前，我当时住在海滨路的一家酒店。

晚上 7 点 15 分，我还没有接到邦尼的电话，于是我给机场打电话询问航班是否延误，当我的电话被转来转去时，我开始紧张了！最后，一个女人的声音告诉我："如果您想得知更多有关这个航班的消息，请亲自来机场一趟。"

我问她："为什么？"

接线员重复道："如果您想知道更多，请亲自来机场一趟。"接着，我又打了一个电话，结果得到了一样的答案。

我骗他们说："我去不了，我是从雅加达打来的。"

她以一种公事公办的声音告诉我："我们在两小时前就和这个航班失去了联系，目前还没有任何新的消息。"

我跌倒在地板上，完全没有力气站起来。我开始尖叫！我从来没有那样尖叫过，后来也没有过。

那段痛苦的时间，特别是头 8 个月，是无法忍受的，那种势不可当的痛楚让我感觉它似乎永远都不会停止。这种痛苦的感觉如此清晰、真实而持久，超过我生命中任何其他感受，它如何能结束？

然而最终，痛苦的心情还是平复了，我渐渐可以继续生活。这是怎么发生的？情感上的治疗（抛开情感的成长）是怎么进行的？这个过程是怎样的？我们可以通过观察认知的成长过程来更好地洞察情感的成长过程。

认知再造理论用砖头做比喻，来解释精神上的成长。我们所获得的每一个新信息和知识都好像一块新的砖头，我们把它们加盖在原有的砖头上。长此以往，这个砖头结构会越来越高，也会变得越来越不稳定。这些砖头会左右摇动并且失去平衡，最终倒塌。这时，"再造"发生了：旧的结构倒塌，砖头散落一地，而这些碎片成为新的结构的基础。由于这个新的基础要比之前的宽阔，因此它可以支持一个更高的结构。而当我们不断成长时，更多的砖头会一直盖上去，直到这个新的结构也变得不稳定为止。然后这个结构又一次倒塌，产生了一个更大的基础，以此类推。

这也是"顿悟"体验的本质，也就是我们灵光一现（"啊！有了！"）的瞬间。这些时刻通常是长期、大量努力的峰值时刻。

当我们学到更多的知识时，我们便在自己的知识结构上添加了更多砖头。最后，这个结构会失衡、倒塌，然后以一个能承受更宽、更高的结构的，更结实的新基础出现。顿悟通常只有在旧结构倒塌的时候，也就是旧的知识碎片以一种新的方式重新组合的时刻，才会出现，这个过程会形成一种我们可以从中学习并借此成长的新的洞见。

类似的过程出现在人们认知领域的方方面面。根据科学界里的哲学家托马斯·库恩所说的，模式的转变显现出一种科学的规律，那就是当旧的模式已经无法容纳和令人满意地解释日益积累的新知识时，模式的改变就会发生。[13] 就像一座砖塔，旧的模式倒塌并且形成一个新的基础，继而成为一个新模式的起源。每当新的模式无法容纳更多的知识时，就会从旧有模式的碎片中再兴起一个新模式的基础。这个过程不断地自我重复。

这种再造的模式不但可以应用在认知领域，同样可以应用在情感领域。每一种情感的经历都像一块新的砖头，被放在我们已存在的情感结构上。假以时日，由于结构对于原有基础而言太高了，砖塔失衡并倒塌，因此情感再造便发生了。然后，一个新的基础会逐渐形成，因为地基更宽，所以能承载更多压力、更大负荷。回到关于情绪流动的比喻上，更宽广的基础就像一根更粗的管子，让一个人有更强的能力让情绪自由流动，而且能有效处理大量的感受与情绪，无论是痛苦还是快乐。

在《先知》[14]这首诗里，纪伯伦描述了每当我们经历不幸与悲伤时，我们感受快乐的能力如何增强。

揭开面具，你们的欢乐就是你们的忧愁，

从你泪水注满的同一眼井中，

你的欢乐泉涌，

能不如此吗？

哀愁刻划在你们身上的伤痕愈深，

你们就能容纳愈多的快乐。[①]

邦尼去世后，我经历了情绪失衡，崩溃，然后慢慢地重新建构。极端的情感经历通常会加快情绪再造速度，继而带来创伤后的成长。

情绪再造并不只是在负面经历后发生。每当我们允许自己去感受情绪的时候，我们就会成长。这就是高峰体验，即极乐、狂喜、极度享受的时刻，能够改变我们的原因[15]。比如，有些女性提到，生育孩子的经历彻底改变了她们，她们后来变得更自信，更幸福，更冷静，也更大方。美好的经历，例如读小说或欣赏油画，能够增加我们对于这个世界感性的理解，打开我们情感的闸

---

① 译文来自冰心。——编者注

门。深刻的宗教体验能够改变一个人对于周遭世界的看法，并带领他感受前所未有的精神体验。然而，很重要的一点是，我们要意识到这些极其积极或负面的情绪只是提供了成长的机会，它们本身并不会自动引发成长。为了抓住成长的机会，我们需要开放地拥抱这些经历带给我们的各种情绪。

情感成长与认知成长还有着许多相似的地方。固执己见是一种封闭的思维方式，固执地坚持自己的想法和状态，完全无视其他。如果我们固执己见，不能开放自己的心去理解和看待这个世界，那么认知再造，即理性的成长、顿悟的体验、模式的改变，都很难发生。还有一种情感上的固执己见，那就是封闭自己的心灵，不打开自己去全然体验我们经历的所有情绪。如果我们在情感上固执己见，不让自己经历强烈的情绪，那么情感再造也很难发生。

完美主义者，刻板而强硬，是情感上的固执己见者；他们会压抑自己的痛苦感觉，去持续追求充满积极情绪的生命体验。认知上的固执己见（封闭的思维）以及情感上的固执己见（封闭的心灵）都会带来同样的后果：停滞不前。

健康的悲伤

在科林·默里·帕克斯有关丧亲的研究中发现，在丧失丈夫后，那些没有将痛苦情绪表达出来的妻子，比起那些让自己悲伤到"崩溃"的妻子，悲伤持续的时间更久，而且所承受的身体和心理上的症状更严重。用马塞尔·普罗斯特的话来说，就是"我们只有把悲伤全部表达出来，才能真正从中走出来"。杰米·潘尼贝克的研究报告指出，"丧偶的人与别人越多地谈论自己去世的配偶，他们的健康问题就越少"。虽然经过一段时间之后，他们仍能感到痛苦，同时也是在继续接受痛苦，但他们已经可以继续正常生活了。

对哀伤治疗研究最为深入的是临床医学家威廉·沃登，他指出，在哀伤治疗过程中包含四个阶段：接受丧亲的事实，处理哀伤与悲痛，调整失去逝者之后的生活，继续前行。[16] 如果没有经历这四个阶段（没有按照顺序，或者重复同一个步骤），就会阻碍恢复的过程，并且有可能导致长期的并发症。

第一个阶段是为了处理丧亲后一个常见的反应，也就是否认。包括拒绝接受亲人已经不在的事实，或者贬低与失去的亲人之间关系的价值。为了健康地恢复，经历丧亲的人必须接受现实：逝去的人永远不会再回来，并且你们之间的关系真的很重要。

第二个阶段是处理哀伤与悲痛的情绪。与其控制自己的情绪，硬撑着站起来，或所谓的让自己坚强起来，丧亲者其实更应该经历这些情绪，自然流露痛苦，用语言或眼泪把情绪表达出来。好心的人们经常会鼓励那些丧亲的人别再哭泣，坚强起来，继续生活，医生也会为哭泣、消沉的丧亲者开抗抑郁药，丧亲的人被这些好心人和医生搅得混乱不堪。这些策略通常只会延长悲伤的过程和加深悲伤的程度。这些"坚强"的哀伤者往往更难恢复，就像 F. 斯科特·菲茨杰拉德所说的，"他们没有任凭自己尽情地泪流满面"。

这个阶段需要时间和许多耐心。这个过程是急不得的，需要让其自然发展。在希伯来语里，"耐心"（savlanut）这个词的词根是 sevel，与"受苦"（suffering）一词的词根相同。有时，有耐心确实意味着承受苦难。

第三个阶段是根据新的事实调整生活。失去亲人可能意味着不得不去继承逝去的亲人原有的责任；意味着不得不以一个全新的或已经改变的身份，去面对逝者已经离去的生活；或者意味着开启一种新的关系来弥补逝去的人所留下的空虚。这些调整不可以也不应该在刚刚丧亲之后进行，但逃避这样的调整，对于恢复是有害无益的。

最后一个阶段是继续自己的生活。这并不容易，因为这会让人感觉好像背叛了逝者，背叛了自己的价值观。我怎么可以在她不在之后享受生活？如果我真的爱他，那么他走了之后的生活还有什么意义？此时真正重要的是，在心中为逝者留一方空间，同时投入有意义的关系和快乐生活，继续前行。

回顾沃登的四个步骤，我们可以看到积极接纳的过程。前两个阶段都针对"接纳"这一部分：认知上的接纳，也就是理智面对丧亲的事实，以及情感的接纳，也就是经历痛苦。后面的两个阶段，调整与重新上路，则是"积极接纳"中主动采取合适的行动的部分。

哀伤并不仅限于失去亲人这一种状况。我们之所以悲伤，可能是因为我们一段重要的关系破裂，我们深深关心的一位好友移居远方，或者我们丢掉了一份工作。而体验沃登应对哀伤的四个阶段，能够帮助我们从悲伤中恢复，在失去后成长，无论这种失去是哪种失去。

在爱默生 27 岁的时候，他挚爱的妻子去世了。后来他再婚并且做了父亲，然而他又失去了两岁的儿子。爱默生写了一篇散文，叫《补偿》，那是他乐观面对生命的见证。以下是这篇散文的最后一段，它描写的是创伤后成长，每当我感到一无所有时，它都会给我希望：

> 时光慢慢流逝，灾难的补偿终于显现出来了。一场病痛，一场毁灭，一次残酷的绝望，财富的损失，朋友的离去，在当时看来似乎无法弥补。然而，经年累月，岁月抚平和治疗了一切。无论失去的是亲密的朋友、妻子、兄弟，还是爱人，都会让我们感觉当时除了孤苦伶仃的自己便一无所

有。然而多年后，这些灾难以一副新的面容出现，那就是我们生命的向导和智者；它们引发了生命的革新，结束了我们一直期待结束的乳臭未干的年少和无知少年的不成熟，打破习以为常的工作方式、家庭结构、生活习惯，重新形成能更好地帮助我们成长的方式。它允许又约束我们重生，让我们深知余生中最重要的珍宝。那些男人和女人，曾像温室里的花朵，他们的根没有生长空间，头顶上洒着太多阳光，在经历了温室墙壁的倒塌和园丁的忽视之后，最终成长为森林里的榕树，一棵能为众多邻里带来阴凉和果实的大树。[17]

邦尼已经去世 10 年了。昨天，我沿着查尔斯河慢跑。新英格兰秋天的色彩和温暖包围着我。我感受着这个世界，它真的那么美！我惊奇于这一切的存在，就在不久以前，这一切还是那么没有光泽，没有意义。而现在，我已经重新拥有生机和希望。

 反 思 | 在过去的生命里，你曾如何面对"失去"，无论是一个朋友，一段感情，还是任何你觉得重要的东西。

2008 年 8 月。我和我 4 岁的儿子戴维正在以色列拉马特甘市的一家超市里排着队。在我们之前，一个士兵正在把他买的东西放到收银台上。

戴维问我："他为什么当兵？"

"因为，"我回答，"当他满 18 岁的时候，他必须要服兵役。"

戴维想了一下，崇拜地看着那位士兵，然后说："我长大后也要当兵。"那位士兵付了钱，对着戴维微笑了一下，戴维报以微笑，然后士兵背起背包走了。

这时，戴维在柜台旁边看到了一个戴着红眼镜的忍者神龟玩具，问我："爸爸，你能给我买这个玩具吗？"

"不行，戴维，你已经有一个和它很像的玩具了。"

他反驳："但是我的那个已经旧了，我要一个新的。"

我不加商量地说："不行。"

戴维开始哭泣。旁边有一个正在付钱的男人看着戴维，然后对他说："士兵是不掉眼泪的。"然后，戴维停止哭泣了。

那个陌生人走了之后，戴维抬起头来看着我，他的眼睛还是湿的。我摸了摸他的头发："你难过的时候就哭吧，士兵也会哭的。"

"为什么那个人说士兵是不哭的呢？"他问我。

"他搞错了，宝贝。就像爸爸以前也搞错了一样。"

觉察冥想

在过去数十年里，越来越多的相关研究表明，觉察冥想对于人们身体和心理的健康有极大的好处。觉察，意味着充分意识到自己所做的一切，并且接受当下（接受得越多越好），不带有任何判断和评价。如果将注意力集中于当下，体验我们的体验，感受我们的感受，无论喜不喜欢，都去感觉任何升腾而起的各种感受，我们就是在觉察。根据身心医学研究领域权威学者乔恩·卡巴特 - 津恩所说："觉察，需要完全'拥有'自己所经历的每一个时刻，好的，坏的，甚至丑恶的。"[18]

觉察冥想是一个关于接纳的练习。理解网球反手击球的理论并不能让你真正学会反手击球，我们必须实际练习这些动作，这样才有可能成为一个反手击球的好手。仅仅从理论上了解什么是接纳，帮助是非常有限的。

虽然觉察冥想本身很简单，但是习以为常一点儿也不容易。为了让冥想对你的生活质量有显著的影响，你需要有规律地进行冥想。每天冥想 10~20 分钟是最理想的。但就算是每两天，甚至每周冥想一次，都比完全不做好得多。

冥想有许多变化，参加一个由有经验的老师带领的辅导班是一个好主意。在这里，我为大家提供一个简单的冥想操作指南，你今天就可以开始：

请坐下来，坐在地上或椅子上都可以。然后找一个让自己舒适的姿势，最好伸直背部和颈部。如果闭上眼睛能帮助你感觉更放松、更集中，就把眼睛闭起来。

请把注意力集中到你的呼吸上。轻轻地、慢慢地、深深地吸气，感受空气完全进入你的腹部；然后慢慢地、轻轻地呼气。感受你的腹部吸气时鼓起，呼气时收缩。在接下来的几分钟，请将你的注意力集中到你的腹部，在你轻轻地、慢慢地、深深地吸气时，感受腹部被空气充满；在慢慢地、轻轻地呼气时，腹部的空气缓缓地放空。如果你的思绪游荡到别处，只需温和地、平静地把它带回腹部，感受腹部的鼓起与收缩。

你不需尝试做任何改变。你仅仅简单地存在。

体验你的体验

塔拉·贝内特 – 戈尔曼，一位将东西方心理学进行结合的心理治疗专家，他写道："觉察是指不带有任何改变地看到事情原来的样子。它的重点是，在小心地不拒绝情绪本身的情况下，化解我们对于烦忧情绪的反应。"[19]将注意力集中

　　　　　　　　　　　　　　　　幸福超越完美

在一个痛苦情绪上，敞开我们的心灵和胸怀让它流过我们，可以帮助我们化解它，直至它消失。

举个例子，你如果在大庭广众面前感到极度紧张，就请想象你站在演讲台上的情形；如果时间无法治疗你失去亲人后的伤痛，那么请想象你坐在逝去的亲人身旁，和他道别。你也可以引发某种情绪，仅仅通过回想这种情绪本身而不必想象一个特殊的情境，比如不安全感或悲伤。当情绪来临时，请花几分钟让自己与这种体验待在一起，不要尝试去改变它。

在练习的过程中，请尽可能深深地、轻柔地呼吸，就像你在冥想中所做的一样。你如果走神了，就再次把你的注意力带回你正在想象和体验的内容上，并始终伴随深呼吸。如果你的眼泪要掉下来，就让它们流下来；如果一些其他情绪，比如愤怒、失望或喜悦冒出来，也让它们自然地存在。如果你身体的某个部位出现了特殊的反应，如喉咙紧缩或心跳加快，那么你可以把注意力转移到那个部位，想象你在用那个部位进行深呼吸，不要尝试改变它们。

这个练习可以给你自己机会去感受、体验你的体验，而不是分析或思考；要求你带着你的情绪去接纳你的情绪，与它们共处，而不是尝试去理解与修正它们。

3

迎接成功

如果我的奋斗目标是证明我是"完美"的，那么这个目标将
永远不会达成。因为，当我承认"完美"的标准本身就因人
而异、无法统一时，我的这场奋斗已经输了。

——纳撒尼尔·布兰登

希腊神话里有一个人物叫西西弗斯，他是一个非常狡诈的
人，最终因为骄傲和不服从命令而受到惩罚。众神判决西西弗斯
必须将一块很重的大石头推上山顶，再看着它滚落山下，然后重
复这个动作直到永远。

从心理学来说，完美主义者就像西西弗斯一样，不同的是，
西西弗斯的惩罚是被众神强迫的，而完美主义者的惩罚是他们自
我强加的。没有哪次成功或征服，没有哪个顶峰或终点，可以完

幸福超越完美

全让完美主义者满意。当他们爬到山峰的顶点，取得某种成功时，那里没有满心欢喜或尽情享受，唯一有的，是下一段没有意义的旅程，通往下一个同样注定令人失望的终点。

与西西弗斯相比，一个理想的典范是奥德修斯。他是伊萨卡的国王，根据荷马的记载，他参加了希腊对特洛伊的战争。赢得战争后，他想要回家与妻子和家人团聚，但是他的旅程遭到了海神的阻拦。奥德修斯艰苦地与独眼巨人争斗，奋力逃脱了食人族的魔掌，勉强在塞壬蛊惑的歌声中活下来。他曾是女妖喀耳刻的座上宾，还做了美丽的女神卡吕普索 7 年的俘虏。这个充满失望和喜悦、黑暗与荣耀的长长的旅程结束时，他终于回到了家中，与挚爱的妻子佩内洛普再次团聚。

从心理学来说，奥德修斯是一个最优主义者。生命本身充满着挣扎、困难和失望，但是最优主义者可以从旅程中找到快乐，并且不放弃对目标的追求。他们可以从不幸中学习和成长，当最优主义者持续关注自己目标的时候（对奥德修斯来说是回家），他们并不会忘记在冒险历程中尽情享受和寻找快乐。而当最优主义者从挣扎中胜出时，他们会感到极大的满足并心怀感恩。他们绝不会把成就看作理所当然，更不会无视成果的价值。

完美主义者可预见的现实状况（也是他们为自己所创造的）是西西弗斯式的战役，一场无休止的挣扎。相比之下，最优主义者的生命就像奥德修斯的史诗故事，一场目标明确的、有意义的

冒险。（见图 3-1）

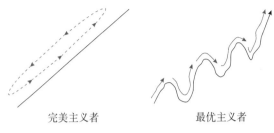

完美主义者　　　　　　　　最优主义者

图 3-1　完美主义者和最优主义者的现实状况

在阿尔贝·加缪有关西西弗斯的文章里，试图把西西弗斯，以及那些类似的、视生命为无意义与无希望的挣扎的人，从困境中拯救出来。加缪将西西弗斯形容为一个受折磨的、激昂的、荒唐的英雄。尽管如此，他在散文的最后，仍然以乐观和浪漫的文字结束：

　　我决定将西西弗斯留在山脚下！每个人都会找到属于自己的负担。西西弗斯却在不服气众神的判决和不情愿搬石头的情况下，依然表现出了他的责任心和忠诚。他自己也开始认为这样的生活很不错。从此以后，再也没有什么可以主宰他，无论是枯燥无味还是毫无意义，这个世界对他来说已没有好坏之分。石头里的每一个原子，那座夜深人静的山峰上的每一粒矿尘，都已经在他心中形成了一个新的世界。每一次推巨石上山的奋斗，都足以充盈他的内心。人们应该想象

　　　　　　　　　　　　　　　　　　　　幸福超越完美

西西弗斯是幸福的！[1]

但是你真的可以想象西西弗斯是幸福的吗？除了沉浸在文学诗歌创作中的加缪（毫无疑问，他在写作的过程中看到了他自己），任何人都能把西西弗斯的困境看成浪漫而充满吸引力的吗？我对此表示怀疑。西西弗斯不是一个幸福的人。相反，我倒觉得加缪的文章其实更好地形容了另外一个希腊神话英雄人物：我们应该想象奥德修斯是幸福的！

西西弗斯在他的旅程中经历了超乎寻常的痛苦；奥德修斯也一样，但是奥德修斯在旅程中体验了喜悦、快乐、学习、成长。当西西弗斯到达山顶时，等待他的是这一次经历的灭亡和下一次惩罚的开始；但当奥德修斯到家时，迎接他的是挚爱的妻子。

还记得阿拉斯代尔·克莱尔吗？那个非常成功的牛津大学的学者，那个在48岁时以自杀的方式结束一生的人，他就是一个彻底的完美主义者。虽然在绝大多数人看来，克莱尔已经取得了惊人的成就，但他一直把自己看成一个失败者。像克莱尔这样的完美主义者会拒绝自己的成就，将其从生命中驱逐出去，在获得成功之前，他们会把目标定得太高而难以达成；在获得成功之后，他们不满意也不欣赏自己的成就。换句话说，完美主义者从一开始就设定了一个陡得难以攀爬的山坡来阻止幸福，而一旦到达山顶，又把大石头滚下山坡，无视自己的成就。相比之下，最优主义者会将成功吸引到生命里。首先，他们会为自己设定有雄心但是可以实现的目标（同样是一座很陡的山，但是可以爬上去），成功之后，他们懂得珍惜（庆祝和享受自己的战果）。正是这两点，现实的成功和欣赏成功，区分了西西弗斯式的挣扎人生与奥德修斯式的令人兴奋的冒险旅程。

可实现的成功

我在少年时最喜欢的电视节目是《世界体育纵览》，它体现了"更快，更高，更强"的奥运精神。每周二晚上，我都会在那一小时里目不转睛地盯着屏幕看。当曼彻斯特联队在足总杯决赛中打败利物浦队时，我会悲叹；当波士顿凯尔特人队在三次加时赛后打败菲尼克斯太阳队时，我会欢呼；我发自内心地钦佩戴利·汤普森在十项全能里的超强表现；我也很欣赏纳迪娅·科马内奇，她在双杠项目上获得满分。我希望像那些在屏幕上的英雄一样，跑得更快，跳得更高，变得更强壮。

进步的欲望是人类的天性，正是这种欲望推动了个人以及社会的进步，所以这种欲望对我们是有益的。但是，这种欲望一旦走向极端，它的伤害就远远超过好处。心理学家纳撒尼尔·布兰登曾谈到"永远不满足"的症状，这是一种很多人都有的症状，也就是无法对自己所拥有的和自己本身感到满意。黛安娜·阿克曼如此描述这种症状："为什么我们对改善身边的事物，如我们的草坪、我们的壁纸、我们的机会，甚至我们自己如此着迷？不管是才能、外表还是财富，我们总觉得还不够，总觉得自己还需要更多天分，更多本领，更多能量，或者更多宁静。"[2]我们经常性的不满意导致了我们经常性的不快乐，我们总觉得还有可以进步的空间。满分只能暂时满足我们，因此下一场比赛马上开始。

作为一名壁球选手和后来的大学生，我一直强迫自己达到我为自己设定的完美标准。虽然从客观上来看，所有事情都很不错，无论是在学业上、球场上，还是在人际关系上，但我常常感到有压力、不满意与挫败。我在学业和其他领域里的成功，并没有带来我所寻找的满足感，因为每当我表现很好的时候，我喜悦的感觉都稍纵即逝，然后我又开始为自己设定下一个目标，去找寻下一座山峰。当时对我来说，"永远不够"。

但是，这是否意味着满足进步的欲望就一定会带来痛苦？我们是否应该为了能让自己感到满足而放弃更多追求呢？根据美国心理学之父威廉·詹姆斯的理论，"自尊"是成功和欲望之间的比率，也就是我们做得多好和我们的目标之间的比率。[3]

自尊 ＝ 成功 / 欲望

　　换句话说，如果我期望在奥运会中获得金牌，可只得了银牌，我的自尊心就会受到打击。可是如果我的期望只是参加奥运会，我却获得了铜牌，那么我的自尊心反而会提高。根据詹姆斯的方程式，我们如果放弃了一个比较高的欲望（换句话说，我们保持一个比较低的期望），就更容易对自己有正面的感觉。相反，如果我们有野心，经常不停地增加对自己的期望值，那么我们注定有低自尊和负面感受。虽然詹姆斯本身并不是一个低标准的人（这是他归纳的自己不幸福的原因之一），但他的理论建议我们或多或少放弃一些想要进步的欲望。

　　但詹姆斯的方程式只有一部分是正确的。虽然有时降低自己的期望可以让我们整体上多一些幸福感，可我们不能简单地决定通过无止境地降低期望值来让我们最终过得更好。事实上，过度降低期望值与设定不现实的高目标一样，都将导致不幸福的结果。如果我们的期望高得不切实际，我们不愿意接受现实环境里的限制，我们就会变得不幸福；但是如果我们的期望低得不符合实际，我们又拒绝承认自己的潜力，那么我们的成就和幸福感都会受到影响。就像亚伯拉罕·马斯洛所指出的："如果你有意限制自己的能力，那么我得警告你，你此生肯定是不幸福的。"我们怎样才能知道到底要不要、什么时候，以及在什么情况下降低自己的期望，何时应该提高对自己的期望呢？答案是，我们需要现实的引导。

心理学家米哈里·契克森米哈赖有关心流的研究证明，为了获得最佳体验和最佳表现（无论是在幸福上还是成功上），我们需要参与既不太容易又不太难的工作。如果我们的挑战不够难，我们就会感到无聊；而当我们的野心过大时，我们会感到焦虑。[4] 埃德温·卢克与加里·莱瑟姆是研究目标设定的专家，他们根据相关领域里35年来的观察、研究指出："人们在最高、最困难的目标面前，通常会付出最高水平的努力，有着最高水平的表现……但是，当某个高难度目标超出人们的能力上限时，那么，即使付出极大的努力，也将停滞不前或状态下滑。"[5] 虽然推动自己超越更高的目标是一件好事，但存在一个界限，一旦超过这个界限，好事就会变成坏事。我们需要接受我们的局限是真实存在的这个事实。

吉姆·柯林斯在《从优秀到卓越》一书中，讲述了美国海军上将詹姆斯·斯托克代尔的故事。他是越南战争的战俘中军衔最高的美军军官。[6] 他不屈不挠的个性和韧性是众所周知的，斯托克代尔说，在越南监狱的残酷环境中，只有具备两种特质才能存活下来。第一，他们对于自己身处困境的残酷事实可以完全面对和接受，而不是置之不理或避免谈论。第二，他们从未停止相信，有一天他们会被救出去。换句话说，他们并没有脱离现实，而是接受残酷的现状，同时他们从未丧失信心和希望，最终，这两种特质让他们活着出去了。相较而言，那些不相信自己会被救出去，以及那些相信在一段短得不切实际的时间之后就会被救出去的人，存活率就低得多了。

在高期望值和残酷的现实中间找到平衡点，才是最健康的目标设定原则。完美主义者给自己和目标设定的标准，都是难以达到的；最优主义者所设定的目标也很难达到，但是都在自己的能力范围之内。其实没有任何简单的技巧去分辨哪些是现实的、符合我们条件的目标，但心理学家理查德·哈克曼建议："我们最佳动力的来源，往往可以在有 50% 左右的成功率的目标中找到。"[7]

反 思 　回想你已经设定的一个目标，如果需要，把它调整成一个既有挑战性又可以完成的目标。再设定一个新的目标，一个可以激励、挑战你自己，但又符合现实的目标。

"足够好了"的生命

起初，男人日出而作，日落而息，而女人在家里照顾孩子、房子，当然还要照顾男人。第二次世界大战开始之后，男人们都去了欧洲或者太平洋地区的战场。政府要求女人们为了支持战争花一些时间去工厂里帮忙，这种情况只是暂时的，直到男人们回来。女人出去工作后体会到了男人的世界，吃了禁果，后来她们则要求得更多。

很多女人发现她们很喜欢家庭之外的工作，甚至一些男人也让步了，只不过有些男人不太情愿，有些男人心甘情愿，认为女人做他们的工作没问题。世界从此改变了，但是有些事情依然保持原状。艾丽斯·D.多马在《不完美也可以很快乐》中写道：

> 虽然女人已经开始在家庭之外工作了，但是她们原先在家中的责任一点儿也没减少。她们非常努力地在外面工作，可是她们还是得准备晚餐，照顾孩子，洗衣服，打扫卫生，给亲戚们写生日贺卡，还得满足丈夫的性欲。这个社会告诉女人，没错，你可以去做你想做的一切，但是如果你打算什么都做，那么你最好把它们都做好。[8]

如今，虽然总体来说女人在家中做的事情还是比男人多很多，但并不是只有女人需要什么都做，而且要做得很好。越来越多的男人开始被要求（或因为需要，有时候甚至是自愿的）在家中做更多的事情，更多地参与孩子的养育。

一个新的世界秩序诞生了，在这个世界中，男人和女人都拥有更多特权和责任。不幸的是，虽然两性平等的革命运动取得了显著的成绩，但无法减慢世界的更新速度，也无法在每天24小时之外让我们拥有更多的时间。所以，当我们对时间的要求不断增加时，我们的时间并没有相应增加，我们的期望也没有降低；事实上，恰恰相反，与20世纪五六十年代相比，男人和女人被期望做更多的工作，与之相应，他们的工作时间更长，工作要求更高。可是绝大多数男人和女人从环境中接收到的信息是，他们不但要能够做好所有的事，而且本就应该做好所有的事。就像多马提到的："自从20世纪90年代之后，媒体就不断地宣扬，在生活中的各个方面都获得完全的幸福是一个可以达到的目标。"

男人和女人被正式从欢乐谷里放逐出来。而在新的世界，一个更公平、公正，但是要求更多的世界，他们能找到幸福吗？对此，许多人的答案是，幸福存在于某一点上，这一点被当代人称为"工作与生活的平衡点"。但是，"工作与生活的平衡点"到底在哪里？在21世纪的现实世界给我们带来的生活压力之下，什么是可以真正帮助我们平衡所有承诺和期望，帮助我们在所有需要做和想要做的事情上找到平衡点的最佳方法？

在我20岁时，我内心那个激昂的完美主义者让我相信，我完全可以拥有一切。我当时在工作上投入了超长的时间，只有一点点社交生活，整体来说，我对当时那种工作与生活上的不平衡还挺满意。然后，我结婚了，有了孩子，我的优先顺序自然而然地改变了，而对于任何事情似乎都没有足够的时间了。无论是在工作上还是家庭中，我都变得越来越有挫败感。我有太多的事情想去完成和体验，但是无论我多么努力工作，无论我花多少时间和家人在一起，我依然感觉我做得远远不够。我没能像我期望的那样给我的孩子足够的关注，我和我妻子不再像我们以前那样经常出去旅游，工作好像怎么做都做不完，我只有极少的时间和我的好朋友交流，还有，我练瑜伽和锻炼的时间已经完全无法达到我认为的理想状态了。

后来我反思了自己的整体状况，我确定了对于我的生命而言最重要的五个方面：作为父亲，作为爱人，专业，朋友，以及个人健康。这五个方面没有包含我生活中所有在意的东西，但它们是我认为最重要的领域，也就是我期望花最多时间的地方。

为了帮助自己找到一个好方法，我去搜索这五个方面每一个领域的好榜样。然而我发现，虽然有的人在一些方面做得很好，但没有一个人可以在五个方面都做得很好，甚至在大多数方面做得好的人都没有。一位总裁，在工作上做得非常出色，但他的家庭一团糟；我有一个朋友，他是一位非常棒的父亲，而且其工作业绩也很突出，但是几乎没有时间陪伴他的爱人，而且忽视了自己的身体健康；还有一对我认识的夫妻，他们是成功的商人，而且彼此相爱，但是他们没有孩子，甚至不敢奢望有个孩子；我以前的一个同学每天去健身房锻炼90分钟，每周6次，但是在她的第一个孩子出生之后，她连工作都辞了，更别说锻炼了。

这些人做出了一定的选择，有些人对他们的选择感到十分满意，但是我不想放弃对自己的承诺，我要做一个好父亲、好伴侣，事业成功，拥有朋友，身体健康。我该怎么办？我想知道，在当今世界，一个人最基本的选择，是不是要么必须放弃我们生活中—两个方面最基本的期望，要么只能为自己无法胜任生活的各个方面而感到自责？还有第三种选择吗？

成为最优主义者，便是第三种选择。自从发现并应用了这个办法，到目前为止，我对自己整个生活满意了很多。要想成为最优主义者，需要做出极大的调整，我采用了一整套全新的方法来管理我的时间和期望值。

首先，接受我无法面面俱到这个现实。虽然我们都知道，我们做不到每天工作14个小时，同时保持身材和健康，并且做一个称职的父亲和丈夫，但是在我完美主义者的梦幻世界里，一切都是可能的。

其次，去问我自己，在对我而言非常重要的五个方面，每一个方面做到什么程度就算"足够好了"。在一个完美的世界里，我可以每天花12个小时在工作上；而在真实世界里，朝九晚五的工作时间对我来说就已经足够好了，尽管这意味着我必须拒绝一些我以前会努力争取的机会。在一个完美世界里，我可以每周6次、每次花90分钟去练习瑜伽，并且会花差不多的时间去健身房；而在真实世界里，每周两次、每次练1小时瑜伽，加上每周三次、每次30分钟的慢跑，已经足够好了。同样，我每周只能和妻子外出一次，每周只能和朋友们见一次面，只有所剩无几的晚间时光在家里与妻子和孩子们共度，这确实和我完美主义者的理想相差甚远，但是这样（只能是这样）已经足够好了。而这些在我看来，就是最佳解决方案，是我在各种各样的要求和生活的限制下，能够做出的最好的安排。

采用这个"足够好了"的思维方式之后，我的压力减轻了许多。我修正了自己一系列的期望值，一种从未有过的满足感替代了过去一贯的挫败感。同时，出乎意料的是，我的精力更充沛，注意力更集中。

在我什么都想做好的时候，我的一部分挫败感来自我无法让自己在一段时间内专注于一件事。比如，当我在家陪着孩子的时候，我会想办法挤出一些时间去打几个工作电话或发几封电子邮件，因为我觉得办公室里的工作还没有被尽善尽美地完成；我还曾在工作时花很多时间和我太太打电话，因为我们总觉得没有足够的时间交流，在家里的交谈时常会被许多琐事打断；我试着在健身房骑单车的时候阅读，但效果很差；我试着在练瑜伽时以婴儿式好好放松一下，思绪却游离到我的孩子们那里去了。

我那时感觉自己像个"一夫多妻者"。感觉在每一个领域都无法尽如人意，于是我试图同时关注两个以上的方面来加以弥补。就在我从完美主义者慢慢转变为最佳的、"足够好了"的现实主义者之后，连我自己都没有意识到，我同时也成了一个"阶段性一夫一妻者"，也就是在一段时间只专注一件事，把自己的精力分别地、排他地投入生活中的每个领域。当我和孩子们一起时，我只和他们在一起，我会把手机和电脑都关掉；当我和朋友在一起时，我全心全意与朋友相处；当我和太太约会时，那段时光完全属于我们，我们分享并感受彼此的爱；工作中，当我写作时，我会把手机和电脑全关掉（现在就是这样），我全然集中在当前的任务中；而在运动时，我则更能去享受在冥想状态下那种身心合一的感觉。我从一个缺乏成就感的"一夫多妻者"，转变成了一个相当满意的"阶段性的一夫一妻者"。

"足够好了"的标准并不是固定的。哪些方面使你觉得"足够好了"是因人而异的。不同的人所关注的事情会不一样，所以每个人都必须花一些时间去识别出对自己最重要的事情。对某些人来说，工作和朋友可能是最重要的，另一些人则可能觉得家庭和旅游才是不可或缺的。同时，"足够好了"的标准也会因为时间而变化，顺势而动、接纳变化才是最优主义者的标志。比如，随着孩子渐渐长大和独立，你需要重新分配你和孩子们在一起的时间；你的工作在某些时候需要你投入更长的时间；一个对你重要的人可能忽然特别需要你的帮助，你就得放下一些计划中的事情来更多地陪伴他。"足够好了"思维方式背后的基本理念是，我们必须从整体上接受和遵从我们生命的限制，然后寻找最佳的或接近最佳的方式来分配我们的时间和精力。

对我来说，我现在的生活离完美太远了。我偶尔会想象，如果能在这件事情或那件事情上有更多的时间就好了。有时我不得不在家人都睡着了的深夜里，在我已经很困乏的状态下处理我的电子邮件。也有些时候，我会一连好几天都无法去锻炼。我的世界并不完美，但已经足够好了。

 反 思　在你的生命中，哪些方面对你来说最重要？

"足够好了"真的就足够好了吗？当我想出这个新方法时，我热切希望我能与我领导力研究班上的学生们分享这种方法。我觉得，"足够好了"这个思路，对于解决我们先前讨论的事业与生活的平衡问题非常有帮助。但是一些学生（特别是男同学）的反应不是我所期望的。在他们看来，这种方式只是不负责任的、全方位的妥协。

我相信他们的反应一部分是因为他们的年龄和所处的人生阶段。在 20 岁这个年龄阶段，他们大部分人都没有真正经历过家庭或职业发展，更别说同时来自两方面的压力了。除此之外，各个年龄阶段和有各种人生经历的人，会把"足够好了"这种方式等同于"勉强凑合"。我的学生们都是很有野心的、成就很高的学生，在他们过去的生命中，只要他们下决心去做，就绝不会满足于做得"勉强凑合"。

事实上，"足够好了"这种思维方式真正可以引导人们做到最好，表现出一个人的最佳水平。完美主义者的狭窄途径，如试图在生命的每一个方面都达到完美，最终只会导致妥协和挫败：在现实中时间的限制下，我们确实无法什么都做到。在《恰到好处》(*Just Enough*) 一书中，劳拉·纳什和霍华德·史蒂文森提出："你不可能把两件需要权衡的事情同时最大化，'最大化'的定义已经清楚地说明了这一点。"[9] 时间是一个有限的资源，当我们决定到底要做什么的时候，权衡与取舍是不可避免的。不过，我们虽然不能将每件事都最大化，但可以令其最优化。完美主义者对现实有一种偏执的理解，他们指望在生活的每个方面都能花最多的时间，而不顾权衡与取舍的必然性；与完美主义者相比，最优主义者则会寻找足够好的解决方案，也就是优化系统中的不同组成部分。"足够好了"这一思维方式放弃了完美的、不现实的期望，而是去选择有可能的、最好的生活。

对我而言，实践"足够好了"原则并不意味着不可能做得更好。事实上，我不但可能做得更好，而且我做到了。但是这个方法确实意味着，如果我是现实的，我就不得不满足于这种最优化的平衡生活。我的价值观并没有随着我生活方式的改变而改变。家庭仍然是我生命中最重要的部分，而我现在对于事业的雄心一点儿也没有比我20多岁时少。唯一不同的是，我走上了另一条我从未走过的路。踏上这条足够好的道路，可以使一切都变得不同。

欣赏成功

许多完美主义者都很难欣赏和享受自己的成就。在拒绝成功的方式上，有些人会给自己设定不现实的、难以企及的高期望值，另外一些人即使达到目标也无视成就的存在，因为他们从未对自己的造诣感到满意。正如我前面所提到的，医治不现实的期望的良药是"脚踏实地的成功"，即为成功设定现实的标准，有时候甚至足够好就行了。医治不满足自己的成就和无视成功的良药，是学着接受并且欣赏自己的成就。

很多完美主义者都拥有财富、健康、名望、靓丽的外貌，但是他们不快乐。事实上，财富、声望以及其他一些所谓成功的衡量标准都与我们的幸福水平几乎没有关系。这表明了一个简单的真理，即幸福依存于我们的心智，而不是由我们的身份地位或银行账户决定。一旦基本需求（如食物、住所和教育）得到满足，我们的幸福水平就依赖于我们选择关注什么，以及我们对外在事件如何解释。我们将失败看成一种灾难还是一个学习的机会？我们看到的杯子是满的还是装了一半水？我们欣赏并享受我们所拥有的一切，还是将这些视为理所当然并无视它们的存在？

在关于心理韧性的研究里，卡伦·莱维奇和安德鲁·沙特讨论了有关"狭窄视野"的概念，该概念指只关注事实的一小部分，忽视其他重要的大部分的一种态度。[10] 比如，我的班上有 20 名学生，其中一个人在上课时睡觉了，如果我只将注意力放在那一个睡觉的学生身上，我就是视野狭窄的。相反，如果 19 个人都在睡觉而只有一个人在听课，而我只将注意力放在那一个听课的学生身上，并且坚持认为自己的教学很成功，因为有一个学生在投入地听课，那同样也是视野狭窄。无论是积极的注意力还是负面的注意力，狭窄视野所指的都是与现实脱离的一种状态。通常来说，完美主义者的态度属于负面性的视野狭窄：他们会无视生命中的美好，将负面的东西放在中心。

艾丽斯·多马曾经与她的心理病人交谈，这些病人在外界看来十分成功，看似拥有一切，但他们自己无法享受这一切，甚至无法享受其中任何一部分，究其原因，又是他们的完美主义在作怪。完美主义者负面性的狭窄视野会导致他们忽视自己的成就，

　　　　　　　　　　　　　幸福超越完美

把这些视为理所当然，并且不断重复推巨石上山的苦差。相反，最优主义者会从整体上感激生命，包括他们自己，他们的成就，甚至他们的失败，因为失败也是学习和成长的机会。因此，他们不仅仅享受已拥有的一切，还会创造更多的成功，经历更积极的事。

"感激"这个词有两种解释。第一种解释是"心存感恩"，也是"理所当然"这种态度的反面；第二种解释是"增加价值"（如同存款在银行里会增值一样）。这两种解释的结合，表明了一个在感恩研究中不断被证明的事实：当我们感激生命中美好的事物时，美好的事物会增加，我们会得到更多。相反（很不幸，这是一个事实），当我们抱着理所当然的态度，不去感激生命中美好的事物时，那些美好的事物就会慢慢贬值。[11]

 反思 现在你认为值得感激的事情有哪些？把它们写下来。

心理学家罗伯特·埃蒙斯与迈克尔·麦卡洛在一系列连续的实验中，要求参与者每天写下至少 5 件事情，无论大小，都是他们认为值得感激的事情。[12] 参与者所感激的内容包罗万象，从他们的父母到滚石乐队，从每天早晨能醒来到感谢上帝。研究发现，每天花 1~2 分钟去表达感激对生命有着深远的影响。与普通组相比，感恩组成员不仅更加欣赏整个生命，还能体验并享受更高的幸福感和更多的积极情绪：他们感到更快乐，更坚定，更有活力，更乐观，他们还变得更慷慨，更乐于助人。最终，那些表达感激的人睡眠质量也变得更好了，运动量也增加了，身体上的不适也减少了。

我是从 1999 年 9 月 19 日（那是在埃蒙斯与麦卡洛发表他们关于感恩的研究报告之前的三年）开始做这个练习的，当时，奥普拉在节目上向观众介绍这个练习，我一看到就马上开始了！从我儿子戴维三岁开始，我们就一直一起做这个练习。每晚我都会问他："今天发生了什么好玩的事？"然后他也会问我同样的问题。我和我太太也会经常分享我们对于彼此的感激和我们亲密关系里那些值得感激的事情。我确信，这个简单的练习极大地帮助我从一个把一切视为理所当然的完美主义者，转变成一个懂得感激的最优主义者。当我们把感恩培养成一种习惯时，我们就不再需要一个特殊的事件来刺激我们的幸福感了。因为我们每天都期待着把值得感激的事情列入我们的清单，所以我们开始变得能够敏锐地觉察到一天中发生在我们身边的美好的事情。

当然，每天列在感恩清单上的内容是有可能不断重复的。对我来说，上帝和家人每天都会出现在我的清单上，除此之外，我每天还会再写至少 5 件（通常更多）值得我去感激的事情，无论大小。这个简单的练习有一个比较有挑战性的地方，就是要保持新鲜感，避免让它成为不花心思的例行公事。我们做这个练习就是为了不把生命中美好的事物视为理所当然，如果练习一段时间后，它本身成了一件理所当然的事情，就有违初衷了。

有些方法可以帮助我们应对不断重复练习可能带来的麻木。举个例子，就像索尼娅·柳博米尔斯基建议的，我们可以把这个练习从每日一次改成每周一次。[13] 但是，如果改为每周一次，就难以把感恩的习惯巩固住。为了每天都做练习并且保持新鲜感，最好的方法是将每天的主题或内容多样化。比如，我某天可能会关注我女儿雪莉的笑容，但第二天我关注的是她新学的一个词。这个练习也可以从形式上多样化，比如偶尔和伴侣交换一下感恩清单，或者把我们感恩的内容画成一幅画。

将清单上的内容形象化是一种很好的方法。认知心理学家斯蒂芬·考斯林指出："儿童比成人更依赖于形象进行思考……他们的思维方式，更喜欢用形象来替代描述性的说明。"[14] 考斯林推测，这种依赖于形象的思维模式产生了大部分时候只能在孩子身上看到的"孩子般的新鲜感"。写下"家庭"后，我的眼前会出现妻子、孩子、父母以及兄弟姐妹的形象，这帮助我在已经感谢他们千万次之后依然对他们保持新鲜感。我们还可以把形象化用在其他地方，例如，试着再次体会白天享用美餐时的情绪。我们可以回味那些我们感激的事情，比如一顿美食、深爱的孩子、喜欢的音乐、一场细雨。

总体来说,表达感激的关键是保持觉察力和专注力。我的人生导师、学位论文指导者埃伦·兰格教授指出,我们可以通过"在环境中发现特别之处"来长期保持我们的觉察力,以此来对抗"习惯化"带给我们的困境。[15] 从本质上来说,具有觉察力就是最优主义者在认知和行为上灵活性的表现;而缺乏觉察力,正是完美主义者那种刻板的思维模式的体现。比如,当我们思考一个熟悉的东西的新用途时,当我们在一张熟悉的脸庞上观察到一种新的表情时,我们便是专注与觉醒的。同样,当我们写下我们所感激的事物时,如果我们试着从一个新的角度体会这些事,寻找不一样的细节或觉察新的变化,我们就会让新鲜感始终存在于那段经历中。

大量研究表明,运用兰格建议的方法,即发现特别之处,不断练习觉察力,可以增加我们的幸福感、创造力、自我接纳能力、成功的可能性以及健康指数。当我们充满觉察地做感恩练习,投入时间努力回味自己人生中美好事物的时候,我们可以获得两大好处:首先,我们变得更懂得感恩,并且我们感激的事物在增值;其次,感恩练习也是觉察力练习,这种觉察力练习本身就对我们十分有益。

反思 请马上环顾你的四周。有哪些你之前未曾注意的事物？在你已经注意到的事物中，哪些事物看上去不同？是不是有些方面你未曾注意到？你可以从其他角度来看待这些事物吗？

对他人（父母、老师、朋友、学生）表达感激是有效提升自身和他人幸福感的方法之一。马丁·塞利格曼在他的积极心理学课程里引入了一个感恩拜访的练习，他让学生们给曾经帮助他们的人写一封感谢信，然后亲自去拜访这些人并将信件读给他们听。据塞利格曼和他的学生反映，同时也被后续的相关研究证实，这个练习的效果非常显著，写信人、收信人以及他们之间的关系都因此大大获益。[16]

我在我的课堂上也布置了类似的练习，当学生们带着他们的报告和感受回到课堂时，我不止一次感动得落泪。一个父亲十几年来第一次拥抱了他的孩子，一段沉寂多年的友谊死灰复燃，一位年迈的教练在感恩会面之后仿佛一下子年轻了许多。感恩的力量是巨大的。

一封感恩信并不仅仅是一句简单的谢谢。它需要你花时间去沉思，另外一个人对你来说意味着什么，他对你的生命贡献了什么么。虽然感谢的方式有很多种，但感恩拜访是非常独特的。第一，仅仅写信的过程（无论这封信是不是寄出去了）就可以增加写信人的幸福感；第二，写信时所投入的时间和精力以及写信人的感激会使收信人感到自身的价值；第三，拜访本身提供了一个私人接触的机会，可以从中体会各种美好。最后，一封信的真实存在，可以让收信人反复阅读并不断回味这种体验，这样，一次单一的行为拥有了持久的效果。

一封感恩信使收信人感受到他们的成功，无论是老师、朋友、父母、教练，还是上司。送出和接收这样一封信所带来的感受，其积极程度和强度不亚于我们达成了某个伟大的目标。这样的信件往往还能扩大收信人对于自身成功的理解，让他们从中发现自己的价值，感受到他们曾经认为理所当然并忽视的成就。一个老师可能会觉得自己日复一日的工作非常普通并且毫无激情，而一封来自学生的感恩信件，可以让他受到极大的鼓舞，让他意识到他所做的工作多么与众不同，而他自己实际上已经那么成功了。

一封感谢信确实可以提升我们的幸福感，但是对于写信人来说，这种幸福感通常只是暂时的。为了让感恩信件和感恩拜访有更长久的效果，人们需要养成这种习惯。每周，每两周，甚至每个月写一次感恩信，将对我们大有裨益。

反 思　想象一个值得你感激的人。他做的哪些事情让你
感激？你认为感激的原因是什么？

　　感谢我们生命中所拥有的，放下对于自己的成就那种理所当
然的态度，是我们获得更多成功的前提条件。如果更多人能去表
达自己对他人（父母、同事、伴侣、老师、朋友）的感激，那么
美好的世界将变得更加美好。就像西塞罗说的："感恩不但是最
大的美德，更是所有美德的源泉。"

练 习

● 足够好了

　　把你生命中最看重的东西列成一张清单。你可以将它们
分类，比如职业、家庭、爱情、朋友、健康、旅游、爱好、艺
术等等。首先，在每个领域旁边，注明你理想中想要做的全
部事情，然后注明你理想中想在这些事情上投入多少时间。
之后，在每个种类里区分出哪些事情是可以放弃的，哪些事
情在你看来必不可少。把必不可少的事情写在你的"足够好

了"清单上。比如,在工作这个领域里,你理想中的工作时间是每周 80 个小时。但由于其他事情的限制和需求,这可能是不现实的。对于你来说,每周 50 个小时或许就足够好了。在友谊这一栏,理想的状态或许是每晚下班后都与朋友见面;在足够好的情况下,每周拿出两个晚上见见朋友就已经够好了。在一个完美的世界里,你每个月可以打 15 场高尔夫球,但现实中你每个月只打三场球就已经足够好了。(见表 3-1)

表3-1 理想状态和"足够好了"清单

种类	理想状态	足够好了
工作	每周 80 小时	每周 50 小时
与朋友见面	每天见面	每周见两次面
打高尔夫球	两天打一场	每月打三场

将这些改变引入生活之后,你要记得经常回顾这张清单。你是否试图做得太多或太少?发生了哪些改变?你在某个领域里的妥协是否让你不开心了?你是否可以在某个方面多做一些,而在另外一个方面少做一些?每个人寻找各自最佳的平衡点没有简单划一的公式可以照搬。另外,随着时间的流逝,我们自身和环境在改变,我们的需求和期望也会随之而变。记得多关注自己内在的需要和期望,同时兼顾外界的约束和限制。

✹✹ 感恩拜访

写一封信给自己感激的人，向他们表达你的谢意。最好提及那些特别的事件或经历，具体写一写他们为你所做的、令你深深感激的事情。写信本身就是有益处的，如果你真的把信寄出去了（亲自交给他们更好），那么这个练习的价值将大大增加。

写下至少 5 个你感激的人的名字，并且为自己确定具体的时间，给他们写感恩信并拜访他们。

4
·
尊重现实

二加二等于四。大自然不需要你的宝贵意见。它不在乎你喜欢什么，也不在乎你是否赞成它的规律。你只能按照大自然本来的样了去接受它，以及它所显露或暗含的一切。

——陀思妥耶夫斯基

本章讨论的是完美主义者的哲学，更具体来说就是超自然学，这是哲学里研究现实本质的一个分支。研究超自然学对于研究完美主义十分重要，因为大部分完美主义者的特性里都隐藏了对于现实的拒绝——无论那是失败的现实、痛苦情绪的现实，还是成功的现实。

我们循着完美主义者奉行的哲学，发现其思想根源来自西方哲学之父柏拉图。柏拉图的学生亚里士多德与他的老师决裂并且开始宣扬现实主义，最终成为现实中的最优主义者之父。关于柏拉图和亚里士多德所奉行的哲学思想的不同，我们可以在拉斐尔的画《雅典学院》中捕捉到证据。画中，柏拉图指着天，而亚里士多德则指着地（见图 4-1）。很多大部头书籍都论述了他们在哲学领域中的不同研究方法，而我所关注的是他们在心理学领域中的不同思维方式，特别是与完美主义有关的思维方式。完美主义者柏拉图所指的是神的住所，是超自然的、完美的；而最优主义者亚里士多德所指的是我们这个世界，是自然的、真实的。

图 4-1　《雅典学院》中的柏拉图（左，完美主义者）
与亚里士多德（右，最优主义者）

根据柏拉图所说，构建真实世界的基本要素是形式（完美的原型，理想的模式），独特的事物由此产生，这是"理念世界"。柏拉图认为，尽管我们感觉自己活在一个真实的世界里，但事实并非如此，我们生活在一个"现象世界"里；我们就像一群住在洞穴里的人，面朝洞穴，背朝洞口，被捆绑着无法走动和转身，也无法离开这个洞穴。而那个真实的世界，那个具有完美形式的"理念世界"，存在于洞穴之外，当火堆燃起时，那些形式的影子投映到洞壁上，这是我们窥探真实世界的唯一途径，我们却把这微弱的影子所形成的"现象世界"当作真实的世界。用现代的话来说，我们就像毕生被关在一个电影院里，由于我们全神贯注地被大屏幕上的剧情吸引，因此完全无法察觉自己真实的困境。我们在自己虚幻的世界里所看到的每一个事物，都只不过是真实世界中完美形态的投影：我们所看到的马只不过是一匹完美的马不完美的投影，我们所看到的身边的人也不是真实的，他们只是完美人类不完美的仿制品。根据柏拉图的说法，去了解真实是可能的，但是只有通过哲学上的冷静反思，不受自身经历、情绪或感觉（在他看来，这些主观感受是错误的、从个人角度出发的）影响，才有可能看到那个真实的理念世界。

　　和柏拉图不同的是，亚里士多德对于真实的看法并不异于我们对于世界的经验。柏拉图认为存在两个世界（完美形式的理念世界和我们所看到的不完美的现象世界），但对于亚里士多德来说，只存在一个世界和一种现实，就是通过我们的感觉所感知到的这个世界。感官上的感知给了我们多种体验，而我们从中生成了脑海中的形象和语言上的形式。我们脑海里关于"马"的图像来自我们直接或间接接触马的经历。我们知道"人类"这个词的意思，也是由于我们有和他人直接接触或间接接触的经历。

对于柏拉图来说，理念中的完美形式是首要的，他坚信我们对于周遭世界的感觉来源于这些形式。因为我们必须从纯理论的角度出发，独立于自身的经历之外去理解这些形式，所以思想优先于经历。但对亚里士多德来说，形式是次要的，形式就存在于我们对周围世界的感受中。因为我们只能基于自己的经历来了解这些形式，所以经历优先于思想。

这两种非常不同的哲学观点所产生的心理影响是巨大的。对柏拉图来说，我们的经历只是他所谓的真实世界的投影，而且这些经历也阻碍了我们对于真理（理念世界）的认识。因此，如果我们自己的经验和观念是矛盾的，我们就应该将经验排除。例如，我们自身的经历，包括我们从他人身上观察到的经历，可能会教育我们失败是成功的必经之路。但是如果柏拉图式的关于成功之路的看法——完美形式下的成功，是一条笔直的、没有阻碍的路，我们就应该排除我们的经验而接受我们的观念。而这正是完美主义者形成他们世界观的方法。

对亚里士多德来说，我们的经历是了解真理的基础。所以，当我们的经历和观念有冲突时，我们应该排除的是观念而不是经历。比如，如果只有不断从失败中寻找解决办法才能成功，我们就应该排除这样的观念（无论来自自己还是他人）：成功之路可以没有失败。而这正是最优主义者形成他们世界观的方法。

"我拒绝感到悲伤"或"我不接受失败"是柏拉图式的风格，秉持着先入为主的、我相信我应该是什么样子的观念来拒绝现实。但是，"我不喜欢感到悲伤，可是我愿意接纳这种自然的情绪"或"我不喜欢失败，可是我接受失败有时确实是不可避免的这个事实"则是亚里士多德式的方法，承认我们所体验和观察到的现实是第一位的。黛安娜·阿克曼曾经就柏拉图对于完美主义的影响写道："柏拉图指出，人世间每一样事物在天堂里都有着自己的完美版本，很多人都按照字面意思去理解他的话。但是我觉得柏拉图所描述的理想形式的重大影响并不在于它们是否真实，而是它们符合人类追求完美的渴望。"而这种追求完美的渴望所带来的惩罚，就是我们永远无法愉悦地接纳真实的自己："几乎每一个人，都觉得自己永远是那只热切盼望变成天鹅的丑小鸭。"[1]

柏拉图式哲学思想的吸引力是什么？为什么它对后世的影响如此巨大？亚里士多德式观念的吸引力又在哪里？它为什么如此有影响力？

被限制的愿望

斯坦福大学胡佛研究所高级研究员托马斯·索维尔的研究，可以帮助我们更好地理解柏拉图学派和亚里士多德学派观点的不同特性。索维尔主要研究政治学，不过他的研究对于从整体上理解心理学，特别是对于理解完美主义和最优主义的性质颇有意义。

索维尔指出，从本质上来说，所有的政治冲突都可以归结为人们关于人性的看法之间的分歧：一部分人认为人性是有局限性的，人性本身不完美，也无法改造得完美；另一部分人认为人性没有局限性，可以为所欲为地自由改造。[2]那些认为人性有局限性的人，认为不完美的人性是自然和正常的：这种特性不会改变，我们不应浪费时间和精力去尝试修正它，让它完美。时尚、科技、景观、文化都有可能改变，但是人性不会变，所谓江山易改，本性难移。人类的瑕疵不可避免，我们所能做出的最好的选择，是去接受我们的本性，它是有局限性的，它是不完美的。然后，根据我们已经拥有的一切，去争取一个最优化的结果。由于无法改变我们的天性，因此我们必须创造一种社会秩序向正确的方向引导我们天赐的本性。

相反，那些认为人性没有局限性的人，认为人性是可以被无限改造与改进的：他们认为每个问题都存在解决方案，而我们绝不应该向自己的不完美妥协或屈服。社会秩序所扮演的角色，是创造一个系统向正确的方向改造人类这一物种。所以有时候我们必须和自己的天性背道而驰，需要去征服它。索维尔写道："在一个没有任何限制的愿望里，人性本身是易变的，而且还是最需要被改变的变量。"

整体来说，这两种观点的出发点都是好的。但是由于从根本上对人性的理解不同，人们采用了非常不同的政治体系。那些相信人性有局限性的人，通常是信奉自由市场的资本主义者，而那些坚持人性没有局限性的人则倾向于追求各种乌托邦式的理想社会。

资本主义体系为了公众的共同利益，将个人的利己主义向正确的方向进行引导和规范，而从未试图强行改变个人的利己主义行为和这种自然的本性。英国哲学家、经济学家亚当·斯密就认为人性是有局限性的、有缺陷的、不完美的，这种观点正是自由市场经济的出发点。他写道："我们之所以能享有美食，并不是因为屠夫、酿造家或面包师具有仁爱之心，而是因为他们关心自身利益。我们要让自己清醒，那并非出于他们的仁慈，而是出于他们爱自己。永远不要向别人说我们需要什么，而是告诉他们这将给他们自己带来什么好处。"

在这一哲学观点的另一面，一群乌托邦式的理想主义者，被人性可以被无限改造的理念激励着。他们挑战人的自然本性，试图对人性进行彻底改变而不是顺势引导。在"新苏联人"中，利己主义必须给利他主义让步；人们必须对抗自己的本能，要在自我意愿之上进行"升华"；人的本性必须被"超人"的本性替代。布尔什维克革命的领袖之一列昂·托洛茨基阐述了有关改变人性的重要性：

> 人类，现代智慧的结晶，将再一次进入彻底转变的时代——人们将在自己手中，以最复杂的方式，将自己打造成可以人为选择的、经过灵魂与心智磨炼的物种……人们将有目的地控制自己的情感，把自我的本能意识提升到最高境界，使自己纯洁透明，延展自身内在隐秘的金属线圈，从而将自己升级为一种全新的飞行器，把自己创造成一种更高级的社会物种。只要你愿意，你就是一个超人。

这些鼓舞人心的话，解释了为什么那么多人深深着迷于空想社会主义所描述的更好的人类、最理想的社会。但是这些想法和理想是虚无的、不切实际的，它们导致的是死亡、谋杀，以及全世界数百万不为人知的苦难事件。

心理学家斯蒂芬·平克质疑"人性的现代否认"。他提出，那些否定人性的人相信我们生来是一块空白的石板，我们成为我们现在的样子，每一点印迹都是从我们的经历中，从我们的文化中，从我们的环境中获得的。"空白石板"假设的一个吸引力是，我们的本性是可以被塑造的——换句话说，制造我们的完美完全可能。

> 人可以完美化这一信念，尽管那么令人沉醉和振奋人心，却有着大量的负面作用。其中一个就是激励人们制造一个极权主义的社会系统。专制统治者更倾向的思考方式是："如果人们是一张空白石板，那么最好让我们来控制到底在上面写些什么，而不是让人们自己来随意决定。"在20世纪最坏的独裁者中，有些人明确地公开宣称自己相信"空白石板"理论。例如，红色高棉当时有一句口号：只有新生的婴儿是无瑕疵的。[3]

亚当·斯密和其他资本主义的支持者属于亚里士多德学派：他们相信人的各种天性是客观存在的，政府必须围绕这个现实来设计各种政策。极权主义者则属于柏拉图学派：他们设想了一个理想的社会形态，而他们的目标是塑造那个不完美的外在世界，直到它被打造成理想的形态。就像一个雕塑家一样，他们试图切掉一切人性上不符合乌托邦式的理想的部分。柏拉图与那些相信人类可以被无限改造的人对人性持有一个观点，那就是我们的本性应该是完美的，并且我们要努力奋斗以达到完美，这样，我们就必须拒绝和否定我们的真实本性。亚里士多德和那些认为人性有局限性的人，接纳人性本来的样子，然后尝试最好地、最优化地利用我们的本性。

很显然，人们对人的自然本性的不同见解对人类社会政治层面和社会层面的影响很大。而这一见解在个人层面的影响同样非常巨大。一个完美主义者，无论是内隐的还是外显的，最终都会选择人性可以被不受限制地改造的观点。拒绝接受痛苦情绪就是在拒绝我们的人性，这是基于他们相信人性是可以被修正、被改善、被完美化的。乌托邦式的不切实际的理想主义就是根除利己主义，让利他主义取而代之；完美主义者的乌托邦理想就是根除痛苦情绪，消除失败的可能，达到不切实际的成功水平。

最优主义者承认并接受人性是有某些局限性的。我们都有与生俱来的本能、意愿和天性，有些人认为这些是上帝赐予的，还有些人说这是数百万年来人类进化而来的。总之，这些自然天性是不会改变的，至少不会在任何人的有生之年改变。如果想最好地利用我们的天性，我们就必须先接受它本来的样子。最优主义者把这些现实的约束和限制纳入考虑范围，在此基础上努力去创造一个并非完美但最大限度地变好的人生。

那种人性可以被无限改造的观点，无论在个人层面还是政治和社会层面，都是十分有害的。尽管最优主义并不是包治我们心理疾病的万灵药，但是一个最优主义者所享有的生活质量远远好过完美主义者。享受无限的成功和过上没有痛苦与失败的生活，或许是一种鼓舞人心的美好梦想，但绝不能成为生活的准则，因为长此以往，这种念头只会导致不满意和不幸福。

同一性法则

亚里士多德对于哲学和心理学的最大贡献也许是"非矛盾律"。非矛盾律是说，某个事物不能"是它"又"不是它"。比如说，"一匹马"不能是它自己的否定（"不是一匹马"），"一个人"也不可能同时"不是一个人"。根据亚里士多德的说法，非矛盾律是公理，不言自明，不需要任何证明："同一样东西在同一时间里，不可能既属于又不属于那样东西本身。"

顺着亚里士多德的非矛盾律，非常符合逻辑地诞生了同一性法则，即一种事物就是它本身：一个人就是一个人，一种情绪就是一种情绪，一只猫就是一只猫，一个数字就是一个数字，等等。同一性法则是逻辑学和数学的思维基础，进一步来说，它也使哲学研究具有意义和前后一致性。亚里士多德说，如果没有非矛盾律和同一性法则作为基础，我们将"完全无法证明任何事物：每个证明过程都将因无法确认而被无限延伸，而最终任何结果都将得不到任何证明"。如果我们不接受一种事物就是它本身，那么我们甚至可能对一个字的意思都会产生不一致的看法。比如我们刚刚说过的"字"和"一致"这两个词，如果它们没有被它本身的意思约定和限制，这两个词就变成了没有意义的噪声。因为我们不由自主地接受了同一性法则，所以我们才能相互沟通，才能明确和理解（有时候）对方的意思。

同一性法则就是在一件事物表达出的所有含义中识别出它的原貌。换句话说，事物就是它自己本身，不管一个人（或全世界）希望它成为什么样子。林肯有一次开玩笑地问道："如果你把尾巴称作一条腿，那么一只狗有几条腿？"他的答案是："四条。就算你把尾巴称作腿，它也不是一条腿。"同一性法则或许看起来显而易见，或者过于简单，但它对我们的生活非常重要。我们所有的人，不仅仅是哲学家，都必须接受这个定律里的含义：没有认识到或拒绝承认一件事物本来的样子，可以带来可怕的后果。例如，如果一个人把卡车当成别的东西，比如一朵花，那这个人就时刻处在被撞的危险中；如果他把毒药当成食物，那么他极有可能中毒身亡。

当我们说某件事物"是某件事物"时，我们其实是在指它独特的本质。比如，一辆卡车，它是固体，很坚硬，很重等等；毒药，含有特殊的化学成分，进入血管就会发生独特的化学反应等等。依据同一性法则和非矛盾律去生活，不是一种可以选择的生活方式，而是必需的。

一些哲学家或政治家在提出他们的道德或政治体系时，并没有考虑到同一性法则，这并不罕见。他们在为社会制订行为准则时，拒绝接受人的本性，其后果与过马路时不承认卡车的本质的后果一样严重，只不过，在道德和社会范畴里，所伤及的范围更大更广。

大部分人觉得在面对一个实物（比如卡车和毒药）时，遵守同一性法则并不难。可是我们许多人在面对自身感受时，保持同一性法则就困难多了，特别是在这些感受是我们不想要的，威胁到了我们对自己的看法的时候。如果我觉得自己看起来很勇敢对我很重要，我就很可能会拒绝接受自己有时会感到恐惧这个事实；如果我认定自己是个大度的人，我就很难接受嫉妒的感觉。可是，如果我想要拥有心理上的健康，我就必须首先接受自己的各种感觉。我必须尊重事实。

心理学家纳撒尼尔·布兰登指出，尊重事实是心理健康的基础。[4] 自我接纳，无论是接纳自己的情绪、失败，还是成功的事实，都是在采用同一性法则并将它应用于人类的心理健康。布兰登说："自我接纳，简单来说就是现实主义。是什么就是什么，我所感觉到的就是我的感觉，我所想的就是我的想法，我所做的就是我做的。"就像同一性法则是任何条理清楚和有逻辑性的哲学的基础一样，自我接纳就是一个健康与幸福的心理的基础。

反思　回想一下你自己或其他人不尊重现实、忽略同一性法则的经历。有什么样的结果？

情绪就是情绪

当孩子闹情绪时，作为父母，我们如果违背同一性法则，那么，无论出于怎样良好的教养目的，都会培养他们的完美主义。当孩子生气时，父母会说："你不应该为了这么小的事情而生气，不是吗？"这其实是在挑战孩子的真实感觉，鼓励他们否认他们生气的事实，而孩子们听到的是"你的愤怒其实不是愤怒"。当一个孩子对他的哥哥说"我讨厌你"时，父母却说："你并不是真的讨厌你的哥哥，你其实是爱他的，不是吗？"他们其实在否定一个已经存在的情绪。父母实际上是在说："你的情绪并不真的是一种情绪。"即这件事不是这件事本身。

在与孩子沟通方面,一些最重要的研究是由心理学家海姆·吉诺特完成的,他在其著作《孩子,把你的手给我》中写道:"许多人都在不认识自己情绪的情况下被教育成人。当他们憎恨时,他们被告知这种憎恨只是有点儿不喜欢:当他们害怕时,他们被教育没有什么好怕的;当他们感到痛苦时,他们得到的建议是应该勇敢并且保持微笑。"[5]吉诺特主张,去告诉孩子实情吧,憎恨就是憎恨,恐惧就是恐惧,痛苦就是痛苦。吉诺特说,父母的角色是在孩子的感受和情绪面前成为一面镜子,把孩子的情绪如实地反馈给他们,让他们看见自己的情绪,以此来教他们了解自己情绪的真相,不加扭曲,不必分析和解释:"一个孩子通过镜子里的形象来了解自己的身体;而他得通过听到我们说他的感受是什么,来了解自己的情绪。"就像镜子不会说话,只是纯粹地反映出我们的样子,父母在孩子情绪化的时候同样不应该说教。这并不难,通常父母们只需要说"我看得出来,你为了这件事真的感到很难过"或"我想你大概真的十分气愤"就足够了,这样的话足以帮助你的孩子驱散他们的难过和愤怒。

我第一次读吉诺特的书是在大学时期,而再次阅读是在我成为父亲并确实需要帮助的时候。始终让我感到惊奇的是,他的方式如此奏效,当一个孩子感觉到他的感受被理解时,他回转的速度如此之快。举个例子,今天早晨,戴维对我们昨天给他买的超人帽子生起气来。

"这个帽子太大了！我讨厌它！"他吵道，"它总是从我的头上往下掉！我讨厌它！"

我想让他感受好一些，还想趁这个机会教育他，一个人遇到问题时反应要适当。我满怀同情地问他："这么点儿小事，你是不是有点儿小题大做了？"

他的回应比超人还快。他立刻用不知道哪个星球的语言大声嚷嚷着，开始用帽子击打沙发。我的方式显然不管用。

幸运的是，吉诺特这个超级心理学家拯救了我，我改变了我的策略："这让你很难过，对吗，你这么喜欢的帽子居然不合适？"

戴维停了一下，然后看着我说："是的。"

于是我继续说："你本来今天特别想戴这个帽子去幼儿园的，现在它居然太大！真是够让人心烦的。"

"是的，我今天真的很想戴它出门。"

然后，几乎在一瞬间，他的状况完全转变了。笑容出现在他脸上，他开始学着恐龙踮着脚绕着房间踱步。"爸爸快看！"他喊道，"我像恐龙一样走路！"危机过去了。

现在想一下，我是认为这个不合适的超人帽子是一个无比重大的问题，以至与那些没钱买衣服的人扯上关系来对戴维进行教育吗？当然不是，而且我内心希望戴维也知道我最关心的不是这方面。那么，我觉得戴维的情绪对我来说是一件重要的事吗，我想要让戴维知道他的情绪对我来说是重要的吗？绝对是！这正是吉诺特提醒我的："当孩子在强烈的情绪中时，他们不会听从任何人的话。他们无法接受任何劝告、安慰、建设性的批评意见。他们所要的，是我们理解他。"吉诺特接着说：

> 孩子们的强烈情绪不会因为我们告诉他们"这样去感觉可不好"，或者试着劝说他们"你那样感觉可没有任何道理啊"而自行消失。强烈的情绪不会因为想要驱散它就消失了，唯有当倾听者充满同情并理解地接受了他们的情绪时，这些情绪才会真的降低强度和伤害性。这对孩子是有效的，对成年人同样如此。

当我们与孩子、伴侣或其他任何人（包括我们自己）沟通的时候，如果双方情绪开始激动，那么首先看清彼此当下的感受是最重要的事情。这样可以让我们克制住想要去帮助、去说教、去指导、去劝告的冲动。尽管我的出发点是好的，但是我在刚开始时忽视了戴维的情绪：戴维无法从我的大道理中学到任何东西，而我们两个最终都会因为自己没得到理解而不满意和不高兴。但是，吉诺特的方式使我得到了一个让双方都满意的结局：戴维认识到了他的情绪是被重视的，而我也显示出我是理解他的，我们两人都感觉好得多。至于关于反应适当和感恩的问题，我想我会等他不那么激动和生气的时候，再找个机会说教！

显然，仅仅真实地接受我们自身和他人的各种感受并不足以解决所有问题。我们有时需要投入相当大的努力和时间去处理比较严重的问题。尽管如此，接纳仍然是最重要的第一步，无论对于当下还是未来，它都十分有意义。就当下而言，接纳可以令人惊奇地在一瞬间降低情绪的强度；除此之外，如实地认清自己的感受会产生长远的影响，那就是教会我们尊重同一性法则，尊重事实。

> **反思** 请回想你自己或他人情绪爆发的时刻。这些情绪当时被意识到了吗？请记得，在下一次你自己或他人体会到困难的情绪时，去应用同一性法则——是什么就是什么。

最佳的旅程

我们总是被完美的东西狂轰滥炸。《男性健康》杂志上有风度的俊男，《时尚》杂志上没有瑕疵的美女；大银幕上的那些男人和女人，在两小时或更短的时间里解决了他们所有的冲突，说着完美的台词，享受着完美的性爱。我们都曾听过那些激励大师大声地告诉我们，"我们的潜力是无限的"，"我们相信的一定能实现"，"只要有决心就一定有出路"，等等。我们还被告知，我们可以找到完美的幸福，只要我们选择没被走过的路，或者沿着我们的精神领袖所指引的道路前进（那个精神领袖带着最灿烂的笑容出现在《纽约时报》最畅销书籍的封面上）。

但是，这些在电影、杂志和书本上被印刷或放映出来的完美形象是真的吗？照片中那个风度翩翩的人，对他的人际关系和商业投资感到完全满意吗？他会不会觉得下一期封面上的男性对自己造成了威胁呢？那个没经过精修的美女对自己的皮肤和在学校时的考试分数感到完全满意和高兴吗？她在流逝的岁月和无所不在的万有引力面前会异于常人吗？

完美主义的解药、最优主义的良方，就是接受现实，接受一切现实的原貌，无论是失败、情绪，还是成功。当我们不接受失败时，我们会逃避挑战和努力，并且剥夺自己学习和成长的机会；当我们不接受痛苦情绪时，我们反而会深陷其中，不停地反复思量，将它们放大，拒绝感受宁静的可能；当我们无法接受、拥抱、感激自己的成就时，没有什么事是有意义的。

去想象一个充满了真正的接纳的生命。想象花一年的时间在学校里，阅读、写作、学习，不需要为了期末的成绩单而担心，接受一切成功和失败只是进步和成长中自然的一部分这个事实。想象自己身处一段亲密关系中，不需要再为自己的不完美戴上面具。想象这个早晨，你醒来，静静地看着并接纳镜子里的这个男人或女人。

然而，仅仅接纳并不足以解决完美主义的问题，期望它创造奇迹只会导致更多的不幸福。我相信，在应对完美主义时，没有什么快速奏效的方法，更普遍而言，在对待不幸福的问题上同样如此。我们如果希望通过"尊重现实"去找到幸福生活，就只会无法避免地体会更多的混乱。如果我们笃信存在一个完美的人间天堂，如果我们笃信在这个充满诱惑的长途冒险中，只要自我接纳就会感受永恒的祥和，我们就是在寻找完美的宁静，而当我们找不到时，我们就会感到挫败和大失所望。其实，完美地接纳并因此而完美地宁静本身就是一种幻觉。毕竟，有谁能在起伏的人生中保持着蒙娜丽莎那样永恒宁静的微笑呢？

通往最优主义的道路是没有终点的，没有一个所谓的最终目的地能让我们完全接纳我们自己，包括我们的失败、我们的情绪、我们的成功。那个充满永恒喜乐和宁静的地方，到目前为止只在梦里和杂志上存在过。那么，与其跟随西西弗斯的脚步，为什么不放下你的重担，放开关于完美的神话？为什么不让自己放轻松一点儿，去接纳失败与成功其实都是一个完整和完满人生的一部分，体验恐惧、嫉妒、愤怒，有时甚至是对自己的不接纳？那只不过表明（"完美"地表明）你是人。

练习

完型练习

心理学家纳撒尼尔·布兰登开发了一种练习,叫作完型练习,这种练习给出了一些句子的主干,你需要给这些不完整的句子填上不同的结尾。这个练习的要点是,要为每个句子主干填上最少 6 种不同的结尾,无论说出还是写出结尾都可以。做这个练习时,很重要的一点是把批判性的思维先放置一边,你只需要写下或说出立刻出现在你脑海里的答案,不管这些答案是否有意义,不管它们是否与你的内心一致,也不管这些结尾之间是否矛盾。完型练习本身就是一个关于接纳的练习,即表达出任何在你脑海中浮现的东西,没有障碍和抑制。

当句子完成之后,你可以去回顾自己的答案,分辨出哪些对你有意义,哪些你觉得无关紧要,哪些想法你愿意进一步探索。你可以分析你写出的这些结尾,写下你从中学到的东西,然后基于自己的分析和结论,写下你的承诺并付诸行动。

以下是我所做过的完型练习的例子:

如果我能接纳自己多5%，那么……

我将不会那么疯狂地工作。

我将不会那么成功。

我将更成功。

我将追求我热爱的事情。

其他人会拒绝我。

其他人会生我的气。

我会更能接纳他人。

其他人会更接受我。

我不再需要经常证明自己。

我会更平静。

你可以试着用下面这些句子主干来练习：

如果我允许自己全然为人，……

当我拒绝我的情绪时，……

如果我的完美主义减少5%，……

如果我能更现实5%，……

如果我成为一个最优主义者，……

如果我欣赏我的成就多5%，……

如果我接受失败……

我恐惧的是……

我期望的有……

我开始慢慢地发现……

从上面这些句子主干开始练习，之后你可以根据自己的情况写出另外一些句子主干。你在一个月中可以每天做这个练习，也可以一周做一次；你可以一次完成 10 个句子，或者每天写两个句子。[6]

✿ 梦想成真！

埃伦·兰格教授曾经让一些学生评定一些具有极高成就的科学家的智商。第一组学生没有得到任何关于这些科学家如何获得他们的成就的资料。这一组的学生给这些科学家的智商打了一个超乎寻常的高分数，而且认为这些科学家的成就远不是自己可以达到的。第二组学生研究的同样是这些科学家，但是除了他们的高成就，他们还得到了这些科学家在通往成功路上所经历的困难、错误、挫折的资料。和第一组学生一样，这组学生也给了这些科学家的智商非常高的分数。不过和第一组学生不同的是，他们认为这些科学家的成就是自己可以达到的。

第一组学生只能得到关于科学家的成就的资料。他们看到的只是事实的一部分，即结果，这正是完美主义者唯一能看到的。第二组学生同时看到了科学家们一路走向成功的过程。他们看到了事实的全貌，即过程与结果，这也正是最优主义者所看到的。

不必说，所有的成就都来自一系列的步骤和过程：多年的钻研，在失败中坚持，无数挣扎，经历高低起伏，最终"完成"目标。在音乐界，有着许多所谓"一夜走红"的例子，但这些人实际上经过了长期努力才获得巨大突破。但是当我们只看结果时，我们往往看不到要获得这些成就必须投入的精力和时间，这会让我们觉得那些巨大的成就对自己而言遥不可及，认为那是超级天才的作品。就像兰格所说："越深入观察别人的成功案例，我们越会发现这些成就都是来之不易的，并且也会更相信自己的成功是真实可行的……即使那些成就看起来似乎完全高不可攀，人们仍可设想，只要自己经过那些过程，就可以成功。"[7]

写下一个你关心的目标，一个你担心可能无法实现的目标。以叙述的方式，描述你将如何达到这个目标。在你的故事中，要包括你在通往成功之路上所计划的一系列步骤，你将要面临的障碍和挑战，以及你准备如何克服它们。讨论你可能遇到的意想不到的困难在哪里，你可能会在什么地方跌倒或失败，以及你将如何再次站起来。最后，写下你对实现这个目标多么有决心。将你的故事写得越生动越好，把它叙述成一场冒险奇遇。对于许多你想实现的目标，你都可以重复这个练习。

对那些成功人士进行深入研究之后写成的人物传记，展现了成功真实的一面——这些传记将他们的成就分解为一个个真实的部分。你或许应该多读一读成功人士的个人传记，特别是那些在你感兴趣的领域里取得巨大成就的人。

应

第 二 部 分

用

5

·

最佳教育方式

"完美"是"美好"的敌人。

——伏尔泰

亚里士多德在讨论道德的心理机制时,提出了一个指导原则,他引用了"美丽的中间点"的概念,为大家所熟悉的是"黄金分割点",也有人称之为"平衡之道"。他提出:美德并不是个人品质的极端表现,而是表现不足与表现过度之间的一种品质。比如,"勇气"这种美德意味着表现出来的行为既不是懦弱(当出现一点点危机的迹象时,就不假思索地先逃走了,这是勇气的严重缺乏),又不是莽撞(完全没有考虑潜在的后果而一头扎进危险的境地,这是过度冒失)。同样,谦虚,既不是自我否认的奴颜婢膝,又不是自我膨胀的傲慢自大,而是在这两者之间找到一个快乐的中间点。

在两个极端之间寻找正确的平衡点适用于任何情况，但没有什么事情比在教育孩子时应用这一点更重要。在亚里士多德之后的两千多年里，教育家和心理学家们已经向我们展示了如何将"平衡之道"应用在我们的家庭和学校里。

贫困的富人

在学生中，我们在富家子弟身上发现了一个明显矛盾的现象，给我们普遍的教育理念上了很重要的一课。尽管这些富家子弟很幸运地在物质方面一点儿都不发愁，但他们普遍缺乏幸福感而且对此无能为力。数据显示，他们和其他学生相比，更容易滥用毒品，更容易患抑郁症和焦虑症。心理学家苏尼亚·卢塔尔和她的同事们做了一个叫"贫困的富人"的研究，也叫"被剥夺了基本权利的特权阶层"，他们发现有两个主要因素造成了这种现象，这两个因素是成就压力和孤立无援的感觉。还有一个卢塔尔没有详细讨论的因素，那就是家长和老师对这些孩子生活的过度介入。[1]

富家子弟通常会被送进私立学校或者学生家庭背景差不多的最好的公立学校。在这样的学校里，教育的重点是让他们学习成绩优异，在各项比赛和考试中获胜，进入优等学生行列，然后进入顶尖的大学。他们学业成就的压力相当大，而在他们的环境里，很少有人强调，他们应该享受学习，享受探索的乐趣，享受从失败中学习的过程。他们的学习过程纯粹是达到终点的一种手段而已。毋庸置疑，家长和老师的用意是好的，可是良好的初衷并不会必然铺就一条通往良好结果的大道。卢塔尔指出，我们大部分人都没有意识到，"当我们努力想给孩子最好的一切时，我们也在增加他们的风险和压力"。对这些孩子来说，风险和压力正在将他们推向完美主义的陷阱。

遗憾的是，我们的教育体系不经意地加强了（或者制造了）我们对于完美主义的执着。以下哪个学生更有可能得到一所顶级大学的入学通知书作为对他的奖赏呢？一个勇于探索但正在迷茫的学生，一个勇于用自己的方式去发现自己真正富有激情的事情但失败了数次的学生，还是一个拿着一张全优成绩单的学生？绝大多数大学都会把录取通知书发给最后一个学生，而不是前两个学生，他们会奖励通常概念下的成功而不是勇敢的失败，他们会奖励一个可以量化的结果而不是热情的探索过程。

对孩子有高期望值是非常重要的。落后地区的一个普遍的问题是，一些家长、老师和政治家对于这个地区的孩子抱有过低的期望值。高标准能够带来健康、适当的完美主义，我称之为最优主义。孩子们长远的成功和幸福，很大程度上依赖于他们对于有挑战性的目标的追求，并且，接受自己的失败和不完美。对于父母们和教育家来说，一个重大的挑战在于，在为孩子们设定高期望值的同时，还必须允许和鼓励孩子们去探索、去冒风险、去犯错误、去失败。

当然，并不是只有孩子们身处巨大的成功压力之下。父母们（通常也是同一个教育体系下的产物）往往会投入大量清醒的时间在工作上，这常常是不必要的，但他们想要这样做。这使这些父母通常只能把很少的时间和精力留给孩子，他们的孩子因此而感到被孤立和孤独。当孩子缺乏父母的注意和支持时，他们会更容易患上焦虑症和抑郁症，并且在同龄人中更有压力。父母过少的介入带来的潜在后果非常严重。

然而，过度介入孩子生活的后果同样严重。如果孩子们感觉父母每时每刻都在身边观察他们，他们每一个行为都被评判，他们走的每一步都会得到反馈，如果他们经常被一些指教和建议狂轰滥炸，常常被告知什么应该做什么不应该做，那么孩子们最终学到的经验是，世上只存在一种正确的做事方法，在他们身处之地和向往之地中间，只存在一条最短的完美之路。在这条路上不可以有任何偏差，每一步都要是对的。天长日久，孩子们的心里就会出现一个声音，当他们做任何一件事情时，这个声音都会跳出来对他们说："不能犯错。"就算有一天他们的父母不再围绕于他们身边，这个声音依然会伴随他们一生。

家长和老师们往往会为了让孩子更快地进步，为他们指明一个清楚的方向，指出他们的错误并告诉他们正确的做法。更有经验的父母（他们通常确实知道得更多）为什么不去帮助孩子避免那些能避免的错误呢？答案是，虽然孩子需要并且也期望得到父母的引领，而且这种引领对于孩子的健康成长非常有益，但太多的指导会适得其反。允许孩子在未知的领域探索，常常碰壁或无功而返，对于孩子的成长是同样重要的。完美主义父母很难对孩子放手，他们忍不住要去控制孩子的一举一动。父母们这样的行为只会阻碍孩子正常的成长。其实只要是安全的，孩子们就应该被允许做一些不完美的决定，去体验失败的痛苦、学习的快乐，去体验成功后的自豪，以及试着独立时的挑战与脆弱。

　　具有讽刺意味的是，对孩子而言，父母过度的赞扬和鼓励与过度的批评是同样有害的。有些父母，基于一些心理学家和"育儿专家"的意见，每次在孩子做出正确的行为之后都会给予积极的鼓励。虽然积极的鼓励有着不可否认的重要性，但是孩子们通常需要一些不被评论的时刻，在这些时刻，他们投入地自己玩耍或学习，不应该被不断的赞扬或批评打扰。

　　来自富裕家庭的孩子通常会同时得到两个极端的坏结果。卢塔尔和她的同事发现，富家子弟之所以更有可能接触毒品以及有巨大压力，根本原因是"感受到父母的过度关注，而同时这些父母缺乏对他们的校外监督"。一方面，这些家长与孩子在一起的时间很少，对孩子没有足够的校外监督。另一方面，当他们终于在有限的时间里和孩子在一起的时候，他们又想补偿自己长时间不在孩子身边的缺憾，于是又变得过于关注孩子的生活，不断评价和批评，这导致孩子"感受到父母过度的关注"。

有关"第一胎子女"的研究为我们提供了如何更有技巧地在过度介入和过少介入之间把握平衡，也就是"平衡之道"。[2]第一胎子女往往会被认为最有才华，在顶级大学里相当大比例的学生都是第一胎子女。这是因为（至少一部分是因为）第一胎子女往往从父母那里得到了更多的时间和更多的关注。然而，比起他们的弟妹，这些第一胎子女也更容易成为完美主义者。这同样是因为父母花在他们身上的时间更多，这意味着他们被更密切地监督，而享受到的不被评论的时刻更少。很多父母无法像关心第一个孩子一样关注第二个、第三个孩子，他们常常为此感到内疚，但实际上这样可能对这些更小的孩子来说是一件好事。如前所述，给孩子空间，让他们经历他们自己的人生起伏曲折并不是一种疏忽，父母的介入显然也有着明显的无法置疑的好处，而重点是要平衡。理解亚里士多德提到的"平衡之道"，其实就是指要在正确的时刻，以正确的目的、正确的方法、适当的程度介入。当然，每个家长都知道，说起来容易做起来难。

教育实践中关于平衡之道的一个极佳的案例，可以在蒙台梭利学校里找到。蒙台梭利学校的目标是创造一个"有规范的自由学习环境"。没有规范或界限的自由是过少介入，而没有自由的规范或界限则是过度介入。[3] 蒙台梭利学校的学生们全神贯注地投入个人或小组任务时所表现出来的沉着与宁静，很难不给我们留下深刻的印象。尽管孩子们知道当他们需要帮助时老师就在身边，老师们也会适时地进行表扬或批评，但是老师们会把自己的介入降到最低程度：只在真正需要的时候介入，只以最低的程度介入。老师们创造了一个安全的、适合孩子们年龄的学习环境。孩子们在这个环境里被允许独立地学习和行动，无论是组装一个小玩具，还是探索人类起源这样的大问题。

对积极心理学运动产生巨大影响的心理学家米哈里·契克森米哈赖曾经与凯文·拉桑德合作，研究比较了蒙台梭利学校和传统学校的不同。[4] 其中一个最大的不同是，在传统学校里，学生在大部分时间里是在听课和做笔记，这是一种被高度规范的活动。与此相比，蒙台梭利学校的学生则花更多的时间独立自主地完成任务，无论是个人任务还是小组任务。这样的活动形式让规范和自由合为一体。并非巧合，蒙台梭利学校的学生更热爱他们的同学、老师和学校，他们投入自己的学校生活，更生机勃勃，也有着更强的内在动机。

反思 你为别人（无论是孩子还是其他成年人）创造了一个有助于学习的环境（一个有足够的不被评论的时刻和适当介入的环境）吗？在你自己的生活中，你享受这样的环境吗？

足够好的父母

英国儿科医生与精神分析专家唐纳德·温尼科特在儿童发展领域非常有影响力，他对健康的父母介入模式提出了非常有启发性的见解。[5]温尼科特主要关注母亲的角色，但他的观点对父亲角色同样有效，实际上可以帮助热衷于从事儿童教育的每一个人。

温尼科特说，孩子们在最初是完全依赖母亲的：在生理上和心理上与母亲完全互动与共生。孩子在这个时期所需要的是母亲及时回应他所有的愿望，无论是饿了还是要抱一抱。渐渐地，要想通过另一种不同的方式帮助孩子成长和成熟，让他们成为独立的、完全自主的个体，母亲在这一过程中必须学会适当地撤回。温尼科特说，与其完美地回应（换句话说，就是立即和全部回应）孩子的每一个要求，不如适当地回应。温尼科特称这样不完美的照顾者为足够好的母亲："最初，她几乎完全回应孩子的所有需要；随着时间的推移，孩子应对失败的能力渐渐增强，母亲的回应也相应变得越来越少。"

足够好的母亲并没有遗弃她的孩子，她所做的只是给了孩子挣扎的机会。比如，与其在孩子每一次哭泣时立刻冲过去回应他撒娇的要求，不如放慢回应速度，渐渐地，可以让孩子有机会独自体验不适和不愉快。当然，要保证他是安全的。当孩子认识到自己不能总是依赖母亲的时候，他开始学会依赖自己和自我安抚。母亲逐渐地、敏锐地、越来越频繁地"辜负"孩子的要求时正是温尼科特所描述的"渐进式依赖性失效"，孩子发展出了独立应对外部世界的能力。倘若失败是真实世界里不可避免的一部分，那么真正爱孩子的母亲应该通过模拟外部世界让孩子做好准备，即在一个可控制的环境中，采用适合孩子年龄的方法和步骤，让孩子最终拥有在未来独自应对各种失败和挫折的本领。

这个分离的过程（例如，孩子大声哭泣后独自应对母亲不在身边的一小段时间）令人很不舒服，这对父母和孩子来说都是一个很大的挑战。但是，人类成长别无他路。如果一个孩子被完美地保护起来，总是被握住双手，总是被支撑着，总是为了避免不愉快的体验而被剥夺跌倒的机会，那么他连走路都学不会。我们要么学会了失败，要么在失败中学习。

我们不仅可以把这个足够好的母亲（从更大范围来看，是足够好的父母）的概念应用于孩子的需求上，还可将其扩展到孩子的行为上。比如，一对完美的父母不会愿意让孩子在吃饭时弄得到处都是饭菜，母亲会自己来喂孩子，或者在孩子旁边不停地把他每一次掉在桌子上或身上的饭菜清理干净。而一对足够好的父母明白，尝试和犯错误对于学会做一件事情来说非常重要，他们会允许孩子把食物掉在外面，弄脏自己的脸，把空汤匙放在嘴里咬来咬去，把饭粒弄到头发上。同时，足够好的父母会确保孩子已经吃饱了，并保证他们不会让叉子弄伤自己。这样的父母便是在适当介入，他们保证了孩子的健康和安全，同时给孩子足够的空间去体验失败。

"足够好了"的养育理念对于孩子从幼儿期、童年期到青春期的健康成长相当重要。与那些已经在过度溺爱和忽视之间找到平衡之道的足够好的父母相比，一些"完美"的父母会不断迎合和满足孩子所有物质和心理上的需求。这些孩子总有收不完的礼物；无论他们想要什么，他们只要张口要求就行了（假设他们的年龄还不够大，否则他们自己就会得到足够的钱去满足自己）。但是还有另外一种更危险的溺爱，那就是在孩子的情绪和心智上为孩子的环境"消毒"：如果老师或同学对他们的孩子不友好，或者孩子在某个目标或任务中挣扎和焦灼，父母（或监护人）就会冲出来解决所有问题。虽然父母的其中一个角色就是在孩子需要时帮助他们，但是如果父母在任何情况下都为孩子处理和解决所有问题，那么一定弊大于利。

许多自己经历过艰难困苦的父母，都希望给自己的孩子更好的生活。希望孩子不要经历不愉快是一个高尚的目标，这自然源于父母对孩子的爱和关心。然而，这些家长没有意识到的是，尽管他们可能在短期内让孩子过上更舒服的生活，但长远来看，他们可能会阻止孩子去获得自信心、坚韧性、意义感，以及与人相处的重要技能。19 世纪的英国作家塞缪尔·斯迈尔斯写道："对一个人的最大诅咒，就是欺骗他可以不必经过任何努力而实现愿望，那么留给他的必然是希望落空、不敢期许和放弃奋斗。"[6] 为了让孩子们健康发展，从成长到成熟，他们必须经历失败，在困难中挣扎，体验痛苦情绪。作为一名父亲，我常常希望自己掌握一些捷径或方法让孩子们避开困难，但确实没有。

反 思 通过你和一个孩子（你自己的孩子或别人的孩子）的关系，去思考"足够好了"的方式，从中找到过度介入和过少介入之间的平衡之道。

我们的学校里充满了完美主义的孩子。但是，时光不能逆转，而且老师和家长们缺乏对各种不同的孩子进行养育和早期教育的实践，那么，当他们面对完美主义的孩子时应该怎么办呢？如果这些孩子还没有成为完美主义者，那么他们要怎么确保不让孩子们踏上完美主义道路呢？卡罗尔·德韦克研究了固定型思维模式与成长型思维模式的特点，以及如何区别对待个人人格与个人行为，他的研究结果将帮助教育家为孩子们打上预防针，抵抗完美主义病毒。

思维模式

德韦克辨别了固定型思维和成长型思维之间的不同。[7]固定型思维相信我们的能力（包括我们的智商、身体技能、个性以及人际关系技巧）从本质上是被设定好的，坚如磐石，无法真正改变。我们要么富有才华和天赋，这种情况下，我们在学习、工作、体育和人际关系中都会获得很大的成功；要么永久地具有缺陷，注定失败。相比之下，成长型思维相信我们的能力是可以锻造的，能力可以在我们一生中不断改变；我们有一些与生俱来的能力，但这只是起点，为了走向成功，我们必须应用自己的能力，投入自己的时间，付出相当多的努力。

对于一个拥有固定型思维的人来说，努力去工作是有威胁性的，因为这是在表明他的能力是有限的，甚至表明他这个人本身不够好。毕竟，如果他非常有天分和才华，那么他根本不用努力去做什么。他可不想显得有缺陷，而且因为他相信没什么好办法可以弥补缺陷，所以他常常处于要去证明自己的压力中，他要向

　　　　　　　　　　幸福超越完美

别人证明自己是多么聪明，多么有能力，以及他已经是完美的。

而一个人若拥有成长型思维，他的体验就有着根本上的不同了。对他来说，努力工作不但是必需的，而且充满乐趣和刺激；他享受过程，不会整天想着如何证明自己，他首要关注的是学习、进步和发现自己的潜力。拥有成长型思维的人除了能更加快乐，还能够在努力中坚持，也因此更容易成功。当然，有些拥有固定型思维的人也会努力工作，但是他们通常是为了向自己和他人证明自己有多聪明能干。这是一个很重的负担。

庆幸的是，固定型思维并不是固定的！下面这项研究意义深远。德韦克和她的同事们将一些五年级学生随机分成两组。在第一轮研究里，他们给两组学生提供了 10 个相当难的问题，大部分学生都做得很好，答对了大部分问题。完成这次任务后，两组学生都受到了表扬，但表扬方式不同。第一组学生得到的称赞引发了他们的固定型思维，这种称赞方式称赞了他们的智商（用"你在这方面真的很聪明"之类的语言）；第二组学生得到的称赞则引发了他们的成长型思维，这种称赞方式主要称赞他们付出的努力（比如"你们一定非常努力地用心答题了"之类的说法）。

在第二轮研究中，学生们可以在两个新的测试中选择一个。第一个测试是有难度的，但是学生们可以从中学到更多；第二个测试相对比较简单，而且和第一次测试的内容差不多。结果，在被称赞很努力、成长型思维得到启发的学生中，90%的人选择了比较难但有学习机会的测试；相反，在被称赞智商高、固定型思维得到启发的学生中，大多数人选择了比较简单而且内容与第一次测试类似的测试。

在第三轮研究中，他们给了两组学生一些非常困难的、对他们而言难以解答的问题。那些先前因自己的智商被称赞的学生，在艰难应对时都明显感到更痛苦，而那些因为自己的努力而被称赞的学生却很享受这个过程，包括这份艰难和这次学习。德韦克解释道："强调孩子的努力给了他们一个可以控制的可变因素。他会认为自己的成功在自己的掌控之中。而强调孩子的先天智商则意味着把这种控制权从孩子手中拿走，这让他们在应对失败时感到无计可施。"

有趣的是，在最后一轮研究里，当德韦克给了孩子们和第一轮测试同样难度水平的试题时，那些"聪明的"学生的分数却比第一轮测试时低了20%；相反，那些"努力的"学生的分数却上升了30%。就像这个研究所显示的，成长型思维可以让孩子们更愿意接受新的挑战，在面对挑战时更享受其中，最终，总体来说会有更佳的表现。

德韦克仅仅通过称赞学生的智商或称赞他们的努力这样一句简单的话，就可以引发固定型思维或成长型思维。她的发现既让人感到担忧（因为这表明我们随口说的一句话竟然可以对孩子

有这么大的影响），又让我们深受鼓舞（因为我们也知道了我们
可以非常容易地给孩子施加积极而巨大的影响）。我们应该称赞
孩子的努力，这是他们可以控制的因素，而不应该称赞他们的
智商，这不是他们可以左右的。德韦克在《思维模式》一书中
写道：

> 父母们以为他们可以通过赞美孩子的智力和天赋，把一
> 份永久性的自信心像一份礼物一样放在孩子手中。但这是行
> 不通的，事实上只会适得其反。因为这会使孩子们在遇到困
> 难或犯错误时质疑自己。如果父母们想给孩子们一份真正的
> 好礼物，那么他们所能做的最棒的事情是教他们的孩子热爱
> 挑战，在错误中激起好奇心，享受努力的过程，以及不断地
> 学习。

固定型思维与完美主义类似，而成长型思维则是最优主义的
同类。赞美一个人的智商会让他对失败产生恐惧，因为人们会有
一个信念，那就是一个真正高智商的人是应该排除失败的可能
的。而称赞一个人的努力则把关注点从结果转移到过程上，成功
或失败并不重要，是否努力才是最重要的。固定型思维（完美主
义）导致了人们对于失败的极大恐惧，并且在真正失败时感到极
度痛苦并将失败灾难化；成长型思维（最优主义）则使人乐于接

受失败，并将它视为成长与进步的机会。

教育家们应该经常强调过程（勤奋努力和享受其中，以及在失败中寻找学习机会的重要性），而不是只看纯粹的成就与结果。告诉孩子他们多么聪明只能带来短暂的高兴（不仅对孩子是这样，对家长、对老师同样如此），但长此以往会伤害到孩子的动机、表现，以及他们的幸福感。家长和老师应该经常问孩子他们学到了什么（从别人那里，从书中，从他们自己的成功和失败中），以及他们在哪些方面取得了进步，而不是关注他们得到什么奖品或奖状，或者他们参加的比赛结果如何。

孩子们也必须了解他们并不需要在每一个领域里都做到最好，而且仅仅因为"很快乐"而去做一件事情是非常充分和合情合理的。同时，如果他们真的想在某一方面出类拔萃，那么付出努力是必需的，但这份努力不应排除他们在整个过程中享受乐趣的可能。

每当我掉进完美主义的陷阱，感受到对失败强烈的恐惧并变得软弱无力时，我都会提醒自己，能力是可以锻造的，人生的高低起伏是正常的，只要努力我就可以进步。这是我在过去经常做的事情。成长型思维总是能让我关注过程，缓解我的压力。我把这个方法应用在自己身上，提升我的表现和享受能力，我也会把这种方法应用在我的孩子和学生的教育上。对他们而言，我的身教胜于言传。

反思 请回想经过你长期努力而获得的一项能力或技能，任何事情都可以，从你打网球的技巧到演讲能力，从你的勇气到你的善解人意能力。为形成这些能力或技能你曾经做过什么？

德韦克所划分的固定型思维和成长型思维，与索维尔所阐述的人性是否有局限性、是否可被无限改造的观点是不同的。德韦克关注的是我们的能力，而索维尔关注的是我们的人性。最优主义者赞同人性是有局限性的（相信我们的自然天性是不变的）以及成长型思维（相信我们的能力并不是固定的）。完美主义者正好相反，他们相信人性不是固定的（可以被无限改造），但能力是固定的（固定型思维）。

传统与进步

我在澳大利亚生活时，无意间在一个广播节目中听到一些企业家在抱怨现在的大学毕业生。这些聪明的、受过高等教育的20多岁的年轻人，在进入公司后，需要被人们没完没了地表扬和迁就，他们一旦受到批评，就会很生气甚至辞职。美国和所有西方国家的企业管理者都碰到过相同的问题。对老一辈人来说，他们大部分人都在学校经过艰苦的努力被严格教育出来，他们对这些被宠坏的、脆弱的新生代深感担忧。

卡罗尔·德韦克称这一代人为"被赞美的一代"。他们通常是由那些善意的家长和老师创造出来的。那些家长和老师为了提高孩子们的自尊心，经常性地、无条件地赞美他们（这使孩子们更加自大），同时还努力避免任何形式的批评（这可能会伤害孩子脆弱的自尊）。但是，结果与初衷大相径庭：这些孩子没有成为高自尊心的成年人，反而成了缺乏安全感和被宠坏的人。德韦克说："现在我们的企业里充斥着需要被经常安抚和表扬并且无法承受批评的人，而这绝不是一个成功企业的模式。在一个成功企业里，勇于接受挑战，具有坚持性，并且愿意承认和改正错误是必需的。"

我们未来的前景看起来似乎不容乐观。新一代的孩子由那些大声赞扬、怯于批评的家长抚养长大。这些家长和教育者之所以这样做，其中一个原因是出于他们自然的愿望——他们希望被孩子们喜欢，他们认为，慷慨地赞美孩子并尽量减少批评会让孩子们更喜欢他们。事实上，孩子们知道（虽然不总是马上知道）他们是需要界限的。因此，长远来说，他们会更感激一个教育者真实地、实事求是地面对他们：好坏并存，称赞与批评并重。一个设定了清晰界限的直截了当的家长，与一个只希望被孩子喜欢并因此草率地满足孩子一切需求的家长相比，其实更能得到孩子们长久的尊重。

但是，被孩子们喜欢并不是驱使教育者过度赞美孩子的唯一原因。不应忘记的是，近代教育实践在相当长的历史中，是在一种严厉而残酷的教育方式下发展和演进的，家长和老师采取的是粗暴的铁腕手段。遭遇过这些旧式教育的人，往往期望在教育自己的孩子时用胡萝卜来代替大棒，这完全可以理解。美国现代教育之父约翰·杜威在他 1916 年出版的著作《民主与教育》里，倡导了进步教育运动。[8]孩子们不再没有权利，他们被赋予和教育者平等的地位。教育者不再发出命令，而是询问孩子的意见；不再压制或打击孩子的精神意志，而是培养和支持。

这是教育史上的一次重大的改变，但和其他一些改革运动一样，这个改变走向了另一个极端。那些自由主义学校里充满了过分的称赞和极少的批评，并没有制造出圆融、自信、有教养的学生，而是制造出了焦躁不安和缺乏安全感的毕业生。杜威并非没有看到进步教育运动这个潜在的负面影响。他意识到他自己或那些解释和执行他的理论的人确实走过头了。他写了另一本书，叫作《经历和学历》，他呼吁从新旧两种教育方式中寻找更好的平衡，但不幸的是，这本书并没有引起太多的关注[9]。在进步教育运动刚开始的半个世纪里，并没有引发太严重的不良后果。学生们当时所面对的外界现实（如经济大萧条、第二次世界大战）还是给了这些孩子磨炼的机会，把这些柔弱的男孩和女孩历练成坚强的男人和女人。

然后，20世纪60年代来临了。叛逆的一代要打碎传统教育的枷锁。他们将自己对于自由的全新理解应用到他们对孩子的抚养中。但是，他们在热切盼望摆脱传统教育的粗暴方式的同时，一并抛弃了纪律和界限。他们的孩子，这些出生在20世纪60年代、70年代、80年代的孩子，完全没有得到上一代人在经历艰难时所得到的"好处"；已经没有一个艰难的大环境来磨炼他们，使他们做好准备应对人生中的挑战了。被过度赞美的一代人就这样被宠坏了。

具有讽刺意味的是，传统教育与进步教育这两种教育方式虽然截然相反，但都会导致完美主义倾向。在传统教育方式下，孩子会因为严格戒律下极小的偏差而遭到惩罚，他们的教育没有教他们把失败当作学习的机会，他们只学会了不能失败和害怕失败。而在进步教育方式下，学生也没有学会如何面对失败和在失败中反击，而同样只学会了害怕失败，毕竟，他们所做的一切都不曾受到批评或责罚；当他们再也不被老师和家长保护时，他们迟早会遭遇现实世界里的重大失败。由于毫无心理准备，他们将迷失和害怕。

那我们能做什么？我们能做的，是在新旧两种教育方式中去寻找最佳平衡点。要想做到这一点，关键是要学会将人格与行为区分开来。

人格与行为

作为老师和家长，当我们关注学生与孩子的内在价值时，我们便能激发他们做最好的自己。我们必须认识到要将孩子作为"一个人"来欣赏，看到他的本质而不是他的分数、成绩、成功和失败。我们需要创造一个孩子们能够发展出自我价值感的环境，这种自我价值感不依赖于他们的分数，不被他们所得到的任何社会评价影响。用卡尔·罗杰斯的话来说，孩子们应该尽可能地从家长和老师那里感受到"无条件的积极关注"。

在积极关注这一方面，进步教育已经做得很好了。而另一方面，他们忽略了在行为上设立清晰的界限。"无条件的积极关注"并不等同于"干什么都行"。一个孩子如果因为偷懒和懈怠而拿回一张糟糕的成绩单，那么他可以而且应该受到责备。一个孩子如果故意伤害另一个孩子，那么他理应受到处罚。虽然孩子们需要感受到他们生命中最亲近的大人对他们是无条件接纳的，但他们同时也必须知道，有些行为是不会被大人们接受的。玛瓦·柯林斯是一位非常了不起的教师，她改变了数以千计的学生的人生，她给老师们提出了如下建议：

当你必须责备孩子时，请记得用一种关爱的态度。在任何情况下都不要贬低和羞辱他们。要小心保护他们珍贵的自尊心。你们可以这么说：

"我很爱你，但我不允许你有这样的行为。"

"你知道为什么我不能容忍你这样做吗？因为你是一个非常好的孩子，而这种行为和你不相称。"[10]

针对孩子的行为，家长们可以说："你在应该学习的时候跑出去玩了，而且你在学校的学习也没有尽力。下一次，我希望你能更努力，这样你会做得更好。"如果孩子对你的批评无动于衷，那么你可以通过让他自己待一会儿不许乱跑或剥夺他喜欢的一项游戏的方式来惩罚他。

在面对成功时，将人格与行为分开也同样重要。当孩子表现很好的时候，家长往往会迅速表扬他们，并且让他们知道父母有多么爱他们（明确的或者含蓄的）。当孩子们感觉到父母在他表现好的时候就会多爱他一些时，他会推断和猜测，如果他做得不够好父母就会少爱他一些。这个孩子开始害怕失败，因为他觉得父母的爱是有条件的。吉诺特指出，赞美应该只针对"孩子的努力和成就，而不是他的品质或人格"。

在孩子成绩很好时告诉他"你真棒"，而在他成绩不好时说"你太差了"，这就是针对他的人格；如果告诉孩子"你已经足够努力了"，或者"你努力得还不够"，便是针对他的行为。孩子觉得自己在父母的眼里非常棒，这种感觉应该是无条件的，无论他表现得好还是不好。当家长和老师在称赞或批评一个孩子的人格时，便是在增加孩子成为完美主义者的可能性；而如果只针对孩子的行为，那么无论是赞美还是批评，都将引领他们成为一个最优主义者。

你是如何称赞一个孩子或大人的？你是否赞美了他们的努力和过程？在未来，如果要赞美别人，那么请记得针对他们的行为。

在我们的文化中，我们习惯于赞美外在的成就。作为家长和老师，我们需要花很大的力气来纠正这种风气。由于我们周遭世界充斥着对一个可以量化的成功结果的颂扬，因此孩子们在很小的时候就在内心中根植了一种观念：要想有价值，必须带回家一个好成绩和好评语，一个有价值的结果是产生自我价值感的先决条件。家长和老师们可以创造一个完全不一样的环境，让孩子们感觉到我们对他们的爱和支持伴随他们整个旅程，而不只是在他们到达终点的时候才赏给他们。

我最好的老师

写下一个你曾经遇到的最好的老师。可以是你的父母、小学一年级的老师、大学的教授，或者一位非常关注你职业发展的老板。这位激发出你最大潜力的老师有什么特别之处？你从这位老师身上学到了什么？如何将其应用到你对孩子的教育上？

现在想一下，你在生活中的各个领域扮演一位老师的角色时你是怎么做的？你如何将你从最好的那位老师身上学到的经验应用到你的工作、家庭，以及生活的其他方面？你可以重复做这个练习，这次去回想你的另一位老师，将他和你最好的那位老师比较一下，两者之间的相同之处和不同之处是什么？你还学到了哪些有效的使你可以应用到你对他人的教育中的教育方法？

6
·
最好的工作

你如果想提高成功的概率，就得先增加失败的次数。

——托马斯·J. 沃森

埃米·埃德蒙森是哈佛商学院的一位教授。当我在哈佛读本科时，她是一位博士研究生。我们曾经与组织行为学领域的知名学者理查德·哈克曼教授共同工作。埃米当时想证明医院的工作人员如果身处一个优秀团队（这个团队符合哈克曼教授提出的"有效团队"的标准，如有清晰和严格执行的目标，有相应可用的资源等），那么这种团队中的医生将更有可能减少医疗错误。

这显然是一个重要的研究。因为病人有时会因为原本可以避免的医疗事故而受损伤甚至死亡。另外，由医疗错误而产生的法律诉讼费、保险费和赔偿费等，对医院来说是一笔相当高的财务成本。在多年的数据收集、整理和统计之后，埃米终于有了结果，和她希望的一样，数据结果有显著差别，完全不是她所期望的那个方向。那些符合哈克曼教授"有效团队"标准的团体成员，犯的错误竟然更多，而不是更少。这个结果和十几年来的研究是矛盾的。为什么会这样呢？一个优秀的团队中的医生怎么会犯更多的错误呢？后来，埃米终于发现了关键点：那些符合标准的团队里的医生"并没有犯更多的错误，而是他们记录得更详细，所报告的错误更多"[1]。

埃米又回到了医院，改进了她的研究方法，这次她发现，那些符合哈克曼标准的团队成员确实成功减少了错误，而且效果非常显著。由于不符合哈克曼标准的团队里的人往往会隐瞒他们的过失，因此从表面上看起来他们所犯的错误好像更少。他们仅仅报告那些无法遮掩的错误，比如病人死亡，因为这是无法隐瞒的，而这些团队实际所犯的错误，比他们报告的那些实在无法隐瞒的错误多得多。

埃米的研究将"要么学会失败，要么在失败中学习"的观念从个人领域带到了团队以及组织中。[2]在这个世界中，唯一不变的是变化，个人进步和组织学习对于保持竞争力至关重要，而害怕报告失败是长远的彻底失败的"秘诀"。埃米发现，在那些被很好地领导的团队里，人们享有心理上的安全。他们确认，在这样的团队中，如果他们发表意见、请求帮助，或者在具体的工作中出现错误或遭遇失败，不会有任何团队成员嘲笑或惩罚他们。[3]
当领导创造了这种心理安全的氛围后，成员会感到"失败"是可以接受的，于是更愿意分享和讨论自己的错误，而所有团队成员都可以从中学习与进步。相反，当错误被隐蔽时，团队就很难有学习的机会，而错误重复发生的可能性也大大提高。

以色列空军在 20 世纪 80 年代制定了一个"不责备"政策，以鼓励飞行员和地勤人员报告错误和误差。责罚带来的威胁消除了，这创造了一个安全的组织环境，在这样的环境中，从失败中学习成为可能。这个政策的结果是，被报告上来的错误大大增加，而实际发生的错误显著减少。美国空军也有一个类似的制度：飞行员只要在错误发生后的 24 小时之内及时报告，就可以免于任何处分；但是隐瞒错误的飞行员一旦被发现，就会受到严厉处罚。

从失败中学习

通过创造一个心理上安全的环境，杰出的企业领袖们也增加了让每个员工成为最优主义者的可能性。罗伯特·伍德·强生二世（也被称为强生将军）将一个小型家族式企业发展成世界上最大的制药和医疗器械生产商之一——强生公司。强生公司一直以来都非常成功，而其中一个要素就是他们的管理者知道从错误中学习的重要性。

詹姆斯·伯克是强生公司一位非常成功的首席执行官，到他1989年退休时，他在该职位上做了13年。在伯克职业生涯的初期，强生将军给他上了重要的一课，让他知道从失败中学习的重要性。有一次，伯克研发了一种新产品，该产品却被证实是一个完全失败的产品。他被当时的董事长强生将军叫到办公室。伯克估计他要被开除了。然而，强生将军伸出了他的手，并且对伯克说：

> 我只想说，恭喜你！所有商业行为都是做决定。如果你不做任何决定，那么你将不会遭遇任何失败。我所做的最困难的工作就是让人们去做决定。如果你总是做出同样错误的决定，那么我会开除你。但是我希望你能做出更多其他决定，而且你要明白，在你做出的其他决定中，失败的也会比成功的多得多。

伯克在成为首席执行官时，仍然秉持同样的理念："如果我们不去冒风险，我们就无法成长。所有成功的企业都被失败无数次鞭打。"在加入强生公司之前，伯克曾经有三次事业上的失败。他将自己的失败公布于众，他无数次向他人转述强生将军和他的对话。以这样的方式，伯克向他的员工们传达了一个至关重要的信息：勇于失败，从失败中学习。

 回想你所在的或你熟知的一个组织所犯过的一个错误。这次失败让人们学到什么？还能学到什么？

伟大的领袖之所以伟大，就在于他们允许自己和他人失败，并从失败中学习。通常，当我们了解一些企业领袖时，得到的很多信息都与他们的伟大成就相关，对他们犯下的错误却知之甚少（或者根本没有），其实正是这些错误铺就了他们的成功之路。正像很少有人知道美国史上最伟大的棒球手贝比·鲁斯三振出局的纪录是多少，也很少有人关心史上最伟大的球员迈克尔·乔丹在决胜球上失手的次数是多少。再比如，对于英国维珍集团革新理念的创始人理查德·布兰森，《华盛顿邮报》无惧无畏的总裁凯瑟琳·格雷厄姆，时代华纳集团足智多谋的首席执行官理查德·帕森斯，或者 IBM（国际商业机器公司）传奇性的总裁托马斯·沃森，人们知道的多为他们的显赫与卓越，而他们所经历的失败与痛苦鲜有人知。

这让那些有抱负的后来者错误地相信，他们心中的英雄们在通往成功的道路上是不会失败和犯错的。为了效仿他们的英雄，他们会竭尽所能地避免或隐藏失败。他们停止冒险（无法从失败中学习），变得非常有防御性（无法从反馈中学习）。在他们自己和他人的眼中保持完美的形象比学习和成长重要得多。悉尼·芬克尔斯坦研究了50多家企业所犯下的重大商业错误，他说：

> 讽刺的是，管理层中级别越高的人，越喜欢用各种借口来补救他们的完美主义，最高级别的首席执行官是最严重的。例如，在我们研究过的一家企业里，这位首席执行官在长达45分钟的采访中，从头到尾都在以各种各样的理由辩解为什么一个备受人们指责的灾难性错误会在他的公司里发生。监管人员、客户、政府，甚至公司里的其他高管全都有责任。然而，他却对他本人的过失只字未提。[4]

企业领导者的这种行为是相当有害的。首先，员工们会习惯模仿他们领导的做法，他们会看领导做了什么，而不是他说了什么。如果管理者从不承认自己的错误或者从来不从自己的错误中学习，那么他号召员工们去尝试失败只能变成员工的耳旁风。其次，这样的行为只会加重丹尼尔·戈尔曼所称的"首席执行官病"：当人们隐瞒重要的（通常是令人不快的）信息时，领导者身边的信息真空就出现了。[5]

这种"首席执行官病"在企业里是一种常见现象。管理顾问汤姆·彼得斯指出，"高级管理者通常听不到坏消息"，特别是在员工注意到领导在收到坏消息时经常反抗、找借口，最糟的是，对报告消息的人破口大骂的情况下。

下属不愿意提供反馈信息，剥夺了领导们最易得的、最重要的利于发展的资源。传统上，都是老板来评价员工的表现；一直到今天，管理者们都会更习惯于由上级对下级进行评价，而不是自下而上的反馈，特别是负面的评价和反馈。然而事实证明，下属对于上级的评估比上级给下属的评价更准确，而且能更好地预测这个企业是否能获得长期成功。[6]就像杰克·韦尔奇、比尔·乔治、阿妮塔·罗迪克和其他一些成功领袖经常提到的那样，"直面事实是成功个人与成功企业的支柱"。当员工所掌握的准确的信息无法到达高层时，管理者就输了，整个公司也在劫难逃。

如果管理者粗暴地对待员工或不尊重员工，员工就会变得不敢表达心声。但是，管理者只是和颜悦色和尊重员工是不够的。为了在组织中预防"首席执行官病"，领导者需要经常主动地恳求得到反馈，慷慨奖励真实的反馈，至少要确保一个报告了坏消息的人会和报告了好消息的人得到同样的对待。无论是商业还是其他领域的领导者，都必须创造一个人人都可以提供真实信息的环境，而且不只是员工听说可以这么做，而是真正得到鼓励、发自内心地愿意这么做。

反思 你知道有哪个领导者所创造的环境是鼓励从错误中学习的吗？这个领导者做了哪些特别的事情？

从失败中学习，说起来容易，做起来难。马克·坎农与埃米·埃德蒙森有关学习性组织的研究显示，绝大多数组织声称"从失败中学习非常重要"都只是说说而已，但只有非常少的组织真正付诸实践。[7]这是因为"看起来很好"比"真的很好"（通过坦白自己的失败并且从中学习）对人们有更强大的诱惑力。坎农与埃德蒙森建议，要想应对无处不在的对失败的恐惧感，可以通过重新构建我们对失败的定义："作为人类，我们被社会教育成一个要把自己和失败隔离开来的人。我们应该重新定义失败，失败不是与羞耻和缺点联系在一起的产物；失败，是勇于冒险、探索未知和乐于进步的表现，是我们整个学习旅程中至关重要、不可缺少的第一步。"一位领导者，只有改变组织成员看待失败的方式，才能创造一个真正的学习型组织，一个有竞争力、适应力强、令人愉悦的工作环境。

完美主义与细节管理

在有关完美主义与工作表现的研究中，罗伯特·赫尔利与詹姆斯·赖曼的研究成果极具启发性，他们辨别出了恐惧型完美主义者和健康型完美主义者的不同。[8]恐惧型完美主义者的根本驱动力是害怕自己犯错误，害怕自己无法达到他本人或其他人对他的期望。他做事情的一个基本动机是避免失败，"为不输而战"。健康型完美主义者，也就是我所称的最优主义者，同样不喜欢失败，但他们意识到他们与其他任何人一样，都是容易犯错的，而且这些错误提供的是学习的机会。他们做事情的根本动机则是达到卓越，"为胜利而战"。

恐惧型完美主义者在工作表现和工作满意度上都会受挫，而且他们的下属也是如此。恐惧型完美主义者最常见的习性就是细节管理，他试图消灭下属犯任何错误的可能性。

显然，有些时候细节管理是必要的，有时仔细检查员工的工作正是一位管理者应该做的。例如，一份提交给潜在投资者的综合报告决定了公司的未来，在这件重要的事情上，管理者应该检查、再检查，缜密审查所有重要细节。但是，除了这些重要事务，如果一位管理者经常以"确认你的结果""负起你的责任"等理由详细检查每一名员工的每一个工作环节，就有问题了。

清楚地知道什么时候动用控制权、什么时候放开控制权，是最优主义管理者的标志。尽管没有一个精确的公式告诉人们如何运用控制权，但通常遵循的原则是，在需要的情况下行使大量的控制权，而在可能的情况下动用最小的控制权。与完美主义者不一样的是，最优主义者知道，并不是所有的失败都产生一样的影响。在一些情况下，不完美的表现带来的后果无关紧要，这时最好的做法是尽可能放开管理权，这样可以给下属提供非常好的机会，让他们独立工作，并且有机会去冒险尝试一些新方法。如果他们成功了，他们就会因更加自信而成长；如果他们失败了，他们就会因学到经验而成长，而这个失败对于整个组织并没有造成太大损失。另外，如果员工们，特别是那些能力较强的员工，经常感觉受到没有必要的细节上的检查和管理，那么他们更有可能跳槽。完美主义管理者害了自己，还连累了下属和整个公司：最好的人才都跑了，而剩下的又不敢失败，不懂得从失败中学习。

蛮干与巧干

赫尔利和赖曼指出，不健康的完美主义的一个后果，就是身心疲惫，这是一种完美主义者们，包括我自己，都熟悉的感受。从我有记忆开始，我就知道努力是成功的关键。有两句名言镌刻在我大脑中，一句是托马斯·爱迪生的"努力没有替代品"，另一句是托马斯·杰斐逊的"我工作得越努力，我的运气越好"。当我打壁球时，我的对手经常在我背后说，如果他们训练得像我一样努力，那么他们也能得冠军。对我来说，这是最好的恭维

（虽然通常别人不是这个意思），因为他们说的或许是正确的。

然而，我心中的完美主义思想把努力的作用提到过分的高度，甚至应用到一个错误的领域中。多年以来，我在情绪控制上被另一句名言捆绑着，这是前任加州州长施瓦辛格还是"终结者"时说的："我是一部机器。"作为一名体育选手，当球迷们称我训练和比赛时就像一部加满油的机器时，我还颇为享受这样的评价。我在这项运动上的训练方法很有科学性与系统性，我每天训练得艰苦、严格和机械，我在场上从来不情绪化，而且无论我多么疲惫，我都不让对手看出来。像机器一样，这种方式非常有效，但当我不加限制地使用这种方式时，自己却付出了巨大代价。坚持和忍耐对于成功很重要。可是当情绪产生时，仍渴望自己像机器一样一成不变和无动于衷，忽视自己的感受和需要，就会导致不幸福和终极的失败。当我从事壁球运动时，持续不断的压力令我身心疲惫，我渐渐失去热情、动力，最后，伤痛结束了我的体育生涯，这些都是完美主义者将自己机械化的结果。

20世纪60年代，澳大利亚的德雷克·克莱顿是当时世界上一个不是很有天分的马拉松选手。6英尺[①]2英寸[②]的身高，相对比较低的肺活量，他的身体条件对于长跑运动来说并不理想。尽管如此，他通过比其他人更加努力的锻炼，比如每周跑160英

_____

① 1英尺 =0.304 8米。——编者注
② 1英寸 =0.025 4米。——编者注

里，来弥补自己不完美的身体条件。虽然他高强度的训练方式最初是奏效的，但他最终还是碰壁了，他达到了自己先天潜能的极限。当时他最好的成绩是 2 小时 17 分钟，比世界纪录慢了 5 分钟左右，这让他无法与他同时代的世界顶级选手相抗衡。超过一定极限后，他更努力地训练，跑更长的距离，已经无法再提高他的成绩了。

而这样的训练导致了伤痛。为了参加 1967 年日本福冈马拉松比赛，克莱顿被迫完全休养一个月用来恢复。这一个月的休养和伤势情况让他完全不在状态，尽管克莱顿已经放弃了拿名次，但他还是决定参加这次日本马拉松比赛，为以后的比赛做准备。然而让他自己和其他人大吃一惊的是，在整整一个月没有训练的情况下，克莱顿居然以提高 8 分钟的成绩打破了自己的纪录，并且成为历史上第一个在 2 小时 10 分钟以内跑完全程的马拉松选手。1969 年，他在准备安特卫普马拉松比赛时再次受伤。而在被迫静养一段时间之后，克莱顿再次打破了个人和世界纪录，2 小时 8 分 33 秒，一个保持了 12 年的纪录。

克莱顿的故事和其他人类似的经历，强调了恢复的重要性。如今，在体育界，几乎每一名教练和选手都会将必要的休息和高强度训练看得同等重要。可惜的是，这样的理念还未普及每个工作场所。一名敬业的职员所追求的，是在努力工作之后更努力地工作。那些苛求的管理者期望员工具有机器一样的工作效率，希望员工随时随地接他们的电话、回电子邮件，无论是周末还是假期。此外，员工们也会将上司的这种期望慢慢内化；他们会为了自己无法在周末加班而感到内疚，他们会在度假时不停地查邮件，以确保自己不在时所有工作都正常运转。

吉姆·洛尔和托尼·施瓦茨进行了一项叫作"职场运动员"的研究，他们的研究证明，要想在办公室或自己的领域中发挥最佳水平，我们必须考虑到自己人类本能的需要，特别是恢复的需要。[9]如果无法恢复，那么无论员工个人还是整个组织，都会损失惨重。洛尔和施瓦茨指出："高层管理者都应该知道一个世界级运动员都知道的道理：恢复能量和使用能量一样重要。"

恢　复

克莱顿是完美主义者，他相信自己越努力就会表现越好。后来他身体上的伤痛迫使他违背自己的意愿，走了一条最优主义者的道路。他很不情愿地花时间去恢复——并且因此发现自己的潜力。在心理学领域，伤痛是指情绪上的损伤；昏昏欲睡、焦虑、抑郁都是提醒我们花时间去恢复的信号。这些信号与身体上的伤痛不同，它们更难以被觉察，更容易被忽略。当我们的精神和心灵恳求我们稍作停歇时，我们可能依然会不自觉地继续努力工作，这并不罕见。

情绪上的信号可能会因药物抑制而被忽略。下午三点来杯咖啡提提神是个不错的选择（在无法午睡的情况下），可是如果经常只睡三四个小时而必须靠咖啡来维持清醒，那么对身体和心理的健康都是有害的。同样，吸烟成瘾、酗酒，或者使用缓释药都无法替代通过自然方式来获得恢复，比如深呼吸或运动。精神类药物在有些情况下是必要的，但当痛苦情绪仅仅来自过度工作带来的消沉和沮丧时，这类药品就不该被随意使用。痛苦情绪是我们身体天然的报警系统，我们却常常不顾危险地忽视它们。

不充分的休息并不是导致昏沉、焦虑或诱发抑郁症的唯一原因，然而在我们当前的世界中，这确实是一个主要原因。努力工作本身并没有错。长时间专注的努力是非常有益的，但前提是，你花在办公室里的时间没有占用那些令你更幸福的其他活动的时间。在当今的商业社会中（在其他领域同样如此），存在一个大问题，人们并不是努力不够，而是没有充分地恢复。

多层次的恢复

一个机器人不会感到焦虑、抑郁、疲劳或受伤；它最多需要定时保养或微调一下，比如换一块新电池，配一个新零件，除此之外不再需要什么了。想象一个机器人，或者一部电脑、一辆车、一台电视机，需要在每工作两小时后暂时关闭 15 分钟，每工作十几个小时关闭 8 小时，每连续工作 5~6 天就用一整天的时间给它重新充电。哦，还有，最过分的是，每年它都需要 2~4 周的时间完全停工进行保养。真是一个很烂的机器人！这个机器人有个怪名字，叫作真实的、功能齐全的正常人。

根据洛尔和施瓦茨的观点，我们应该对常用的描述工作方式的比喻做一下改变。我们不应该把员工比作"马拉松选手"，不停地奔跑，不辞辛苦，直到倒下；我们应该将他们看作"短跑选手"，在高强度的工作与恢复之间交替进行。这个比喻应该应用到短期、中期、长期等多层次恢复之中。

在短期层面上，与其让自己连续工作 14 个小时（马拉松选手的方式），不如把长时间的工作分割成若干短跑冲刺，在两次短跑之间让自己彻底放松和恢复：先全神贯注地工作 90 分钟，然后至少充分放松 15 分钟。放松的方式可以是冥想、运动、听音乐、和家人或朋友相处、吃一顿安静的午餐、散步、和同事们聊天，也可以是任何能让我们感到享受和放松的活动。无论我们每天的工作时长是 6 个小时还是 16 个小时，我们都需要在工作之间有规律地安排休息时间。

大部分人在不是特别劳累的情况下，一般每次都可以专注工作 1~2 个小时。超过了这个时限之后，我们的效率通常会明显降低。一次短暂的休息可以帮助我们重新充电，恢复能量水平，让我们回到巅峰的工作状态之中。当然，90 分钟的专注工作和 15 分钟的休息时间也不会无限期地有效，每过一段时间，我们都需要更长的恢复时间。

中度的恢复包括足够的睡眠时间。对大部分人来说，应保证每天 24 小时中有 7~9 个小时的睡眠时间。如果我们长期剥夺自己的睡眠，通过药物刺激来保持头脑清醒，我们就会付出高昂的代价，那就是创造力和工作效率严重下降，同时增加抑郁和焦虑的风险。每周至少休息一天对恢复精力来说至关重要。事实上，那些每周至少让自己有一天的时间将工作抛于脑后的人，在这一周其他时间中更有创造力并且工作效率更高。

我们还需要长时间的恢复，每年至少花一周甚至一个月的时间放个长假。许多 A 类型（执着而努力）的人常常觉得抽出一部分时间去放假让他们感到内疚，其实他们应该记住，让自己好好放松一段时间，是一个划算的、有价值的投资。我们最好的想法、最有创意的时刻，常常出现在我们自己忙碌的日程中穿插的一段空白时间里。娱乐（*recreation*）和创造（*creation*）之间的联系，不仅仅是它们的字母拼写上的巧合。当我们为自己精力的电池充电时，我们各方面的效率水平都会提高。一年中好好地放个长假，或者最好每半年放一个短一点儿的假，不但可以帮助我们发挥最大的潜力，还可以保持我们身心上的幸福感。就像

J.P. 摩根所说："我可以用 9 个月的时间完成一整年的工作，但是连续工作 12 个月我可做不到。"

这并不是说在某些特殊时期，我们无法承担一天、一周或几个月的马拉松式的工作。比如，在新生儿诞生后的那段时间，我们作为父母几乎没有喘息之机，抽时间恢复简直是稀缺的奢侈品。偶尔，我们的工作也会面临特殊挑战，需要我们格外努力。无论是工作还是生活中，我们的身体和精神的潜能可以被激发出来，应对这段特殊时期。但是，在这场"马拉松"结束后，别忘了好好休息一下。

很多人都觉得奇怪，为什么物质生活越来越好，抑郁症和焦虑症的发病率相对三四十年前提高了那么多。其中一个简单的原因是，如今人们更关注自己的心理健康，现在很多人的心理问题都得到了诊断和重视，而这些心理疾病在几十年前是没有受到关注的。但这并不是全部原因。全球不断增长的自杀率很清楚地显示，确实有更多人正在面临心理健康的问题。其中一个重要的原因，就是我们的生活变得太忙碌了，几乎没有时间让身心得以恢复。

在我的成长过程中，我记得我父母会在周末，偶尔是工作日的晚上，邀请朋友们来我们家聚会。他们在一起聊天、吃东西、放松和欢笑。今天我与朋友相聚的时间已经太少了，就算聚在一起，我们也会经常被电话或电子邮件干扰，让人心烦意乱。我们不但没有好好地恢复，反而增加了压力，这就是我们付出的代价。

欢愉和娱乐是我们的一种原始需求，可是人类是有自由意志的，我们可以选择忽视这种需求，克制我们的本能，违背我们的本性。我们会说服自己人类是没有极限的，就像科学能制造出更好、更快、更可靠、更稳定的机器一样，我们也可以通过改变自己的本性来打磨自己的能力。遵循着这种人性可以被无限改造的观点，我们努力训练自己以减少对于停下来休整的需要，我们睡得更少，休息得更少，停歇得更少，并且越做越多，超越自己的极限。但不管我们是否情愿，我们都是有极限的，如果我们持续地违背本性，滥用和虐待自己，那么我们迟早会付出代价，无论个人还是整个社会。

随着心理健康问题不断增加，加上精神类药物不断改良，我们正被大力推向一个勇敢的新世界：轻易损害自己的心理健康，勇敢地依赖各种药物。要想扭转这种局面，与其相信广告商对我们的承诺（一种很棒的药物、一个神奇的药片，可以让我们提升能力和改善情绪），不如聆听我们自然本性的声音，重新发现它的神奇。无论是短期、中期还是长时间的恢复，都具有和精神类药物一样的功效，而且真正纯天然。

当我将多种层次的恢复方式引入我生活的各个方面之后，我的整个生活体验都发生了转变。在 4~5 个集中的工作时段里，我先集中精力工作一个半小时，然后集中精力放松 15 分钟，我所完成的工作要比之前连续埋头苦干 12 个小时还要多。每周花一整天来休息和放松，使我整体效率提高而不是减少。此外，我现在已经把长长的假期视为一个令人享受的、有高回报率的投资。现在，作为一名"短跑运动员"，我所做的工作比我先前当"马拉松运动员"时做的工作多得多，而且工作时间更少，精力更充沛，积极情绪更多。我现在有更多时间与家人和朋友相处，而当我们在一起时，我也更能专注当下。这并不是什么魔法，我只是更关注我的本能需要而已。

我现在要去冥想了。我建议你也休息一下，要不，做个反思练习？

反思　你有足够的恢复时间吗？你每天是否有足够的休息？你每晚是否有足够的睡眠？你每周是否有一天好好休整？你上一次度假是什么时候？下一次度假又是什么时候呢？

对我而言，在组织行为学的研究里，有一个主题让我觉得最重要并且令我最兴奋，那就是如何让工作满意度和工作表现协调一致。它们并不总是协调一致的；一个更快乐的员工并不必然是表现更好的员工。但是，完美主义者和最优主义者的情况，给了这个研究一个十分清晰的结果：幸福和成功确实可以兼得。换句话说，最优主义者不但会对他们的工作更满意，而且他们的工作表现通常比完美主义者好得多。

一名管理者在引导和加强员工的最优主义时扮演了重要角色。他们可以创造一个让员工在心理上感到安全的环境而不是一个让员工恐惧失败的环境，员工在这样的环境中可以不断学习，因此提升长期的工作业绩。管理者还可以规定科学的、有规律的休息时间，这不但有利于员工的心理健康，还能帮助他们取得更大的成就。

我感觉这是个划算的交易。

练习

○ **向最好的自己学习**

描述一段时期，如一个月或一年，一段你在工作上非常辉煌的时期，同时，和其他阶段相比，这段时间让你感到最满意，也最有创造力。如果你还没有太多的工作经验，想不出这样一个阶段，就写下你在其他人生阶段的辉煌时刻，比如在学校时。

幸福超越完美

当时你做了什么使你如此成功？在那个阶段，你恢复的方式是什么？你的工作伙伴是谁？更重要的是，你从那时所做的事情里学到了什么？你将如何把学到的经验应用于你当下正在做的事情，以及你未来将要做的工作？

请写下你的承诺，你将采取哪些具体措施更好地使用你自己，让你做最好的自己，有最佳、最满意的表现。在你的日程表里，请加入让你恢复的时间，可以是有规律地去健身房锻炼，和朋友外出聚会，或者和家人一起度个长假。

就像回顾自己的经历一样，请观察一下别人在工作中或其他领域的经历。当你想知道你想做什么、希望怎么做以及如何避免一些状况时，可以看看你能从别人的经历中学到什么。

7
·
最棒的爱情

真正的爱情之路从来都不会平坦。

——威廉·莎士比亚

到目前为止，我已经与你分享了许多我的事情。现在我要进一步向你坦露我自己，我坦白我最喜欢的歌是惠特妮·休斯顿的I Will Always Love You，席琳·迪翁的Let's Talk About Love排在第二。在我最喜欢的10首歌里，有8首是爱情歌曲（贝多芬的第九交响曲和李·安·沃马克的I Hope You Dance不知道为什么也挤进了这个榜单）。我热爱爱情。只要我还能呼吸，我就永远会被莎士比亚关于忠贞和奉献的言语感动；只要我还能看见，我就愿意度过一个又一个"剑桥不眠夜"，彻夜不眠地去看梅格·瑞恩与汤姆·汉克斯在《西雅图未眠夜》中的一次次重逢。

幸福超越完美

和其他很多人一样，我会从我喜欢的歌曲、诗词、电影或书籍里学习浪漫。虽然一个人不需要成为一个人类关系学的学生就可以知道"那就是爱情"，但是回答"真爱是什么"则困难得多，这需要的可不仅仅是吟诗唱歌的能力。爱情需要理智。

虽然一些诗人、作曲家、导演和亲密关系专家有良好的初衷，但他们会将我引入歧途。他们将爱情描述得甜美、诱人、愉悦、令人向往。可问题是这并不符合事实，还会带来潜在的害处。以下文字来自 20 世纪知名作家作品：

> 完美的爱情很稀有——这需要你的爱人不断保持智者的敏锐、孩子般的灵活、艺术家的多愁善感、哲学家的理解力、圣人的包容、学者的忍耐以及坚韧不拔的毅力。[1]

在这个美丽的段落里，完美地集中了人们动情地写下、激情地说出、充满欲望地唱出的关于爱情美好理想的精华。多么美丽，又是多么害人！完美的爱情不是稀有的，而是根本没有。相信完美爱情只会导致三种后果。第一，我们很可能永远都找不到伴侣，因为我们始终在等待一个完美的人，有着孩子般的灵活、艺术家的多愁善感……第二，如果我们带着妥协勉强决定和一个没达到圣人或哲学家标准的人发展一段爱情，那么我们会有意或无意地不断搜寻心目中那个完美的形象。第三，如果我们相信自己终于找到了那个完美的伴侣，那么我们必将遭遇失望和挫败，因为我们迟早会发现伴侣的不完美。

在我们的世界中确实存在着，而且需要存在着那些美好的文章、诗歌、音乐或电影，去描述圣洁而纯美的爱情。我毫不怀疑，与《恶搞之家》或《拖家带口》这样的动画片或电视剧相比，看过《傲慢与偏见》或《泰坦尼克号》这样的电影之后，人们发生性行为的可能性会更大。而我也绝对不会因为我收集的 CD 中有85% 都过于浪漫，或者它们所歌唱的爱情脱离现实生活而把它们丢了。挑战在于，我们必须认清一个真相，艺术不是（或不都是）现实生活。我们家中的卧室和电影里的卧室是不同的（可能只有一点点不同，可能非常不同，但肯定是不同的），在电影中的卧室里，每一件完美的衣服都被完美地从明星完美的身体上脱下来。如果我们希望电影里的情景在自己家的卧室里重现，那么我们可能会有点儿失望，但是实际上，我们在自己的卧室里其实可以得到更多。我们需要爱，需要歌曲、电影、书籍和诗歌里赞美过的爱情，只不过我们需要的更多，我们要更真实的爱情。

真实的爱情

在每一段长期的亲密关系里，总有一天，我们会认识到自己的伴侣并不是上帝赐给我们的完美礼物。而且伴侣也会不可避免地发现我们的缺点。当我们第一次充分而彻底地认识到对方的缺点和不完美时，我们很难再有刚刚觉察到这些缺点时那种"这些小缺点超可爱"的美妙感觉，而是会深刻地不安。例如，我们可能会发现对方经常出人意料地发脾气，或者他们时不时表现得没有安全感或焦虑，再或者他们有时说话前后不一致或偶尔说谎。虽然我们都知道，还会随口说出"人都是不完美的"，但是在面对自己伴侣也不例外的事实时，往往会惊讶和恐惧。

这种感受和孩子意识到父母只不过是常人（并非万能）时的感受是一样的，他们会忽然有一种孤独感和不安全感。后来，伴侣出现了，代替了我们"完美"的父母。但是当伴侣最终不可避免地从完美的高台上摔下来时，当他们的不完美暴露时，我们遭受的打击将比意识到父母的不完美时更具毁灭性。因为这除了会更让我们感到孤独和不安，当我们觉得选错了伴侣时，我们对自己的判断力会动摇。与我们早期接受父母的不完美的经验不同，这次是自己选择的。我们的心碎了，更糟的是，我们深信不疑的对完美的追求竟然是一个幻象，而且最终破灭了。

当我们其中一人或双方从这种完美爱情的幻想中清醒过来时，一场信心危机就发生了，这种危机涉及对自己判断力的信心、对伴侣的信心，以及对两人未来关系的信心。这种危机可能预示着一段爱情的结束，也可能意味着一段真爱的开始。无论是哪一种，这段关系都已经不一样了。它从此改变并且再也不会回到从前。

虽然不是所有亲密关系都应该维持或者能够维持，虽然也不是所有伴侣都能长相厮守，但是大部分亲密关系的恶化和分崩离析完全可以避免。接纳缺陷不代表放任自流，双方都愿意对某些方面做出调整，是一份美满爱情的前提条件。健康的接纳方式是主动接纳而不是被迫接纳，也就是说，在我们开始改进问题之前，就已经从根本上接受了"缺陷是永远存在的"这个事实；而不是实在无法改变时，才被迫接纳。

完美主义者如果被迫承认自己的伴侣是有缺陷的，就很可能会从一个极端不现实的观点（认为自己的伴侣是完美的）转为同样极端不现实的另一个观点（认为自己的伴侣一无是处）。比如，当完美主义者意识到他们的伴侣爱嫉妒、吃醋或有时无端猜疑时，他对于伴侣的感受可能会一下子从爱与关怀变成烦忧和想要摆脱。把人类的缺陷当作一个生命的真相来接受，是最优主义者的方式，这会创造一个空间，让每一份微妙而复杂的亲密关系得以生存。

我们对伴侣的期望和忠于爱情的承诺，对于创造一份成功的爱情非常重要。而这些期望必须是现实的，否则它们只会带来失望和挫败。虽然被伴侣看成完美的化身会使人们感到愉悦，甚至飘飘欲仙，但人们会因此失去脚踏实地的自在与释放。要想拥有这种自在和释放的感受，只有放弃完美的幻象，取而代之的是充满爱的接纳。虽然接纳可能不会一瞬间发生，但慢慢学会接纳对于一份充满魅力的亲密关系而言必不可少。接纳，并不是所谓无所作为或妥协，接纳恰恰是获取个人或人际关系中最佳的成功和幸福感的先决条件。

反思　你可以接受伴侣的缺陷吗？那些你难以接受的缺陷，是否也正是你难以接受自己的原因之一呢？

完美主义的影响通常在亲密关系开始前就已经有了。完美主义者害怕失败，在亲密关系里所表现出的对失败的恐惧，就是害怕被拒绝。这会使他们从亲密关系的第一步开始就害怕去尝试，除非他们确定当自己表现出对对方的兴趣时不会被拒绝。完美主义者不仅害怕被拒绝，他们对于未来伴侣的期望通常也很不现实。他们的"全有或全无"极端思维方式会把所有细小的不完美放大，在亲密关系开始之前就否决了爱情的可能性。而一旦亲密关系真的开始，每一次小小的碰撞，每一次意见不一致，都会被他们视为灾难性事件，并且被看作终结两人亲密关系的威胁。

他们从此幸福地吵下去……

在许多爱情电影里，为了吸引观众的注意力，男女主人公都会对抗和争吵，但在差不多 90 分钟之后，他们总是能化解他们的不一致，激情地亲吻对方，然后他们相拥着、宁静地沉浸在夕阳里的一幕出现了,（我们会被引领着去相信）他们从此幸福地生活在一起……这发生在史密斯夫妇身上，发生在凯瑟琳·赫本与斯宾塞·屈塞身上，就连《机器人总动员》里的瓦力和伊娃也告诉我们，爱情就是这样。

然而，这种模式和真实生活中发生的爱情恰恰相反。生活中，亲密关系开始的时候，比如求爱时、婚礼中、蜜月期，通常没有什么冲突。但接下来，两人长久地生活在一起了，冲突慢慢显现出来。对许多人来说，发生冲突意味着这段关系遇到了麻烦；完美的和谐，即没有任何冲突，被认为是我们应该去追求的标准。完美主义者认为，在亲密关系的初期就应该排除所有不和谐的可能，这样才算为发展长期的关系做好了准备，这样，在今后的亲密关系里才不会有任何纠纷，就像电影里演的那样。如同完美主义者期望他们的伴侣是完美的，他们也期望亲密关系里是没有冲突的。

但事实证明，冲突不但无法避免，而且对亲密关系长远的成功意义非凡。心理学家约翰·戈特曼多年来一直研究那些成功或失败的亲密关系。他发现，在那些长久而幸福的亲密关系中，配偶之间发生的积极事件与负面事件的比例大概是 5 ∶ 1。[2] 这些幸福的伴侣每表达一次愤怒、批评或敌意，都会另外表现五次善意或亲密的举动，理解和富有同情心，做爱，对对方表现出兴趣，或者表示关怀。

戈特曼在亲密关系里发现的黄金分割点在 5 ∶ 1 的比例上。但我们需要提醒自己，这个比例只是很多亲密关系的平均值。在另一些成功的亲密关系里，这个比例是 3 ∶ 1 或 10 ∶ 1。戈特曼的研究提供的关键信息其实是：第一，少许负面事件必不可少；第二，积极事件多于负面事件绝对必要。在亲密关系里极少发生冲突或完全没有冲突，往往意味着双方并没有在重要的问题和双方差异上好好沟通。既然没有任何一个伴侣、没有任何一种亲密关系是完美的，那么缺乏冲突的亲密关系表明双方都在避免挑战，试图从一些应该面对面沟通和解决的冲突中逃脱，而不是从中学习。同时，虽然冲突有一定的必要性，但是亲密关系里所包含的善意与爱一定要大大超过争吵和愤怒，否则是不健康的。

戈特曼强调的另一个要点是，并非所有冲突的性质都是一样的。有些伴侣几乎从来都不会和对方大声讲话，但有些则喜欢大声表达观点；对前者来说，一个恼怒或失望的眼神可能已经足够表达自己的负面情绪了，而后者则可能需要通过粗暴的动作或者把盘子摔得满屋都是来表达自己的不高兴。其实，长期的亲密关系在以上两种情况下都有成功的机会，重点是双方要小心地区分个人人格和个人行为的不同。做到这一点，无论在客厅还是卧室，在教室还是会议室，都非常重要。

在以无条件接纳为核心的亲密关系里，伴侣去互相挑战对方的话语和行为其实是很健康的。戈特曼发现，亲密关系里最有毁灭性的东西是"敌意"，即攻击人格，无论是谩骂、羞辱、有伤害性的讽刺，还是其他贬低他人价值的人身攻击。对你的伴侣说"你根本就不替别人考虑"是一种对人格的攻击；告诉他"你虽然两天前就答应倒垃圾，但现在厨房依然堆满了垃圾，我感到非常生气"，则是把关注力放在了他的行为上。

更糟的是，越来越多的伴侣开始公开争吵。现在有很多满足观众偷窥欲望的真人秀节目，在这种文化的开放和怂恿下，许多伴侣开始觉得在大庭广众之下争吵、暴露家庭隐私没有什么大不了的。公开的争吵只会越弄越糟，除了当众被辱骂的人感到羞耻和尴尬之外，周围的人也会感到不舒服。从根本上来说，亲密关系需要最基本的尊重和以礼相待。

戈特曼给伴侣们的建议是，在力求相互尊重和接纳之上，他们更应该突出强调亲密关系里积极的方面。关注积极并不一定需要彻底的改变或蜕变。就像建筑师路德维希·范·德·罗厄所说的，"上帝活在细节里"。亲密关系研究专家也指出，爱活在细节里。永恒的爱不在为期一周的豪华游轮度假中，也不在9克拉的钻石里，永恒的爱在每天的日出日落之间，在那些最普通的爱的表达中。

阿克曼家庭学校的彼得·弗兰克尔推荐在家庭中引入"60秒愉悦点"计划。弗兰克尔建议，伴侣们与其总是依靠一些特殊事件或特殊礼物来维系亲密关系，不如每天引发至少三个愉悦点。一个热吻，一封体贴或有趣的电子邮件，一个充满爱意的短信，哪怕一个简单的"我爱你"……所有这些都对维持与培育爱情大有帮助。由衷赞美也很重要。马克·吐温有一次甚至自嘲，他光是靠称赞就可以活两个月了。如果我们无法欣赏到亲密关系里积极的成分，那么这些积极的价值迟早会贬值。

赞美伴侣和在亲密关系中关注积极面不仅可以带来愉悦，它们本身还是一种非常好的长期投资。正如在财务状况好的时候把钱存起来，可以生利息，得到更多的钱，还能在我们遇到财务困难的时候帮助自己；积极行动同样如此，可以逐渐增加两人的感情，并且可以在双方关系遭遇困难时增加情感的韧性。

 写一张"60秒愉悦点"明细表，然后在下周每天至少执行其中三件。你每天都可以做不同的事情或同样的事情。

冲突，其实和积极行为一样，也能强化亲密关系。将日常生活里的冲突想象成一种疫苗。当我们注射疫苗抵抗一种疾病时，我们其实是往身体里注射了诱发这种疾病的微量病毒，这能刺激我们的身体产生抗体，以便在日后对抗这种疾病更强烈的攻击。同样，微小的冲突也能帮助我们增加爱情的抵抗力，如同给亲密关系打预防针，让伴侣能更好地应对日后更激烈的冲突。

零冲突的亲密关系就像过度被保护的婴儿。新生婴儿如果在出生后的第一年里被安置在一个无菌的环境中，那么他和生长在那个"肮脏"的真实世界里的婴儿相比，适应性更差，更容易受到感染。与城市里的孩子相比，在农场长大的孩子接触的尘土和细菌更多，因此具有更强大的免疫系统，日后患过敏症和哮喘病的概率也更低。失败、冲突和困难，无论在心理还是身体上，都是培养韧性的好肥料。虽然伴侣们不断产生冲突，但只要在事后积极地沟通与互动，就能建立亲密关系中的免疫系统。

僵　局

根据性问题治疗专家戴维·施纳屈的研究，每一段长期的亲密关系都会或早或晚经历一个被他称为"僵局"的阶段。这时，双方感到被困在一些冲突里，而且找不到出路。[3]这不是容易解决和被忘却的冲突，而是强烈而又不断重复的冲突，难以解决。这些冲突一般都围绕着孩子、双方父母、金钱、性等主题。孩子应该接受怎样的教育？性生活以什么频率和什么方式达到和谐？僵局通常会挑战伴侣双方的自我感觉，他们必须勇敢地面对两种选择，要么诚实地忠于自己，坚持自己的立场和观点，要么向对方妥协，顺从对方。

很多亲密关系在进入僵局时就走向结束了。有的离婚了，有的因为某些原因虽然维持着法律上的关系，但是在精神、身体、感情上都已经貌合神离了。施纳屈指出，僵局本身是一个关键的时刻，是一个能使个人与人际关系成长的机会："婚姻生活的冲击力和压力要比我们想象的大得多，事实上，很多夫妻错误地断定'我们该离婚了'的时候，恰恰是双方需要真正用心沟通，让婚姻进入佳境的时刻。"成功克服僵局的伴侣们，无论是个人还是伴侣双方，在韧性上都变得更强；他们的关系也会因此变得更可靠和亲密。

想要在亲密关系中培养亲密感和深度，了解对方并让对方了解自己的一个最好的方法，就是共同面对和解决关系中的问题。这些问题被施纳屈形容为"使双方关系更亲密无间的磨轮和磨石"。冲突，从最小的争论一直到严重的僵局，不仅不可避免，还有其好处，即让我们得以释放。这种对冲突本质的认知，可以帮助我们在面临障碍时，消除完美主义者每一次经历困难时都会产生的威胁感。在那条笔直的、完美的爱情之路上的偏差，并不意味着伴侣双方或亲密关系里有不可救药的缺陷，它们只是爱情路上的一部分，并将带领伴侣们驶向更接纳彼此、更亲密、更激情的方向。

性生活

施纳屈给婚姻咨询和性问题治疗领域的研究带来了一场认识上的革命。他指出，性生活完全可以随着时间而越变越好。施纳屈的研究表明，"脂肪量与性潜力高度相关"。我们性功能潜力的最高峰出现在 50~60 岁；与一个相处数十年的伴侣的性生活，远远胜过和一个新认识的人的性生活。但这种说法显然完全不符合我们通常认定的事实。毕竟，24 岁时的性唤起能力普遍要比 64 岁时更高；当我们面对一个性感的陌生人时，一定比我们面对看了30 年的爱人时的身体反应强烈得多。但是，施纳屈认为，很棒的性生活不仅仅包括对性伴侣的生理和身体的反应；除了身体，它还融合了我们的心灵和精神的投入与满足。

施纳屈对人的以下两个时期进行了比较：一个是全盛生殖期，即生殖器成熟后性能力的巅峰时期，另一个是全盛性体验时期，即人类独有的、将性兴奋和情感合为一体的性体验巅峰时期。进入全盛性体验时期，年长的群体确实可以有更好的体验：

"如果一个人要体验性爱过程中的亲密感，那么一个健康的 60 岁老人肯定要比一个 16 岁的年轻人强得多。人们在更成熟时会更有能力享受性生活和体验亲密感。"

根据我前面提到过的卡罗尔·德韦克提出的固定型思维和成长型思维，我们可以发现施纳屈的观点是一种成长型思维：当我们越来越亲密，感觉更舒服、更有安全感、更开放、更能接纳彼此时，我们的性生活会随之越来越好，而且我们同自己的关系也会越来越亲密。与性相关的固定型思维是，性功能和性表现是不会变的：我在床上的表现要么好，要么不好；我们之间要么和谐，要么根本不合适。

由于在某个年龄段之后，身体开始衰退，因此 50 岁的身体无法完成以 25 岁的身体可以做到的每一件事。性爱是一种身心合一的行为，如果人们无法认识到这一点，坚持认为性爱就是纯粹身体上的行为，就很有可能产生一种性爱体验持续衰退的认知。成长型思维认为性生活会随着时间而变得更好，固定型思维认为性生活是不会改变的，而衰退型思维认为性生活会越变越差。衰退型思维不但会减损性生活中的快乐，还会成为一个自我实现的预言，那就是性生活真的会越变越差。

去理解爱可以随着时间而变得更激情，性生活可以随着时间而不断改善，可以将我们从衰退型思维和固定型思维转变为成长型思维，并且从完美主义者思考方式转变为最优主义者思考方式。那条笔直道路上的偏差，比如一次床上不完美的表现、一次激烈的争吵、一段冷战，并不象征着一个悲剧般的缺陷，它们只是通往一个更棒、更亲密的爱情关系中自然而正常的一部分。固定型思维中的"全有或全无"思维方式，会将每一个不完美的细节放大成灾难；成长型思维的人则不同，他们允许不完美存在于自己身上、伴侣身上、两个人的床上。

 你需要做什么才能将更多的快乐带进你的卧室？你需要放下的又是什么？

配　偶

　　就像我在前面讨论过的，完美主义者一个最明显的特征就是他们的防御性。不用说，如果他们被伴侣批评时的第一个反应就是反击，那么培养亲密感肯定会非常困难。拒绝接受批评使完美主义者失去了洞察自己和成长的机会。

　　在詹姆斯一世钦定的《圣经》里，上帝在创造了第一个男人后，说"那人独居不好，我要造一个配偶（help meet，有帮助的竞争者）给他"。在这段话里，"meet"是竞争或遭遇的意思，就像体育比赛（meet）或思想上的碰撞（meet）那样。"help meet"来自希伯来短语里的 ezer kenegdo，字面意思是"帮助并反对他"。

Ezer kenegdo 使许多《圣经》的翻译者和注释者深感困惑。充满慈爱的上帝为什么要创造女人来反对她的男人呢？为了解决这个明显的矛盾，后来翻译者将短语"help meet"（配偶，有帮助的竞争者）替代为"help alongside"（从旁协助者）。一些人解释，这个短语的意思是，如果男人是正义的，他的妻子就会帮助他；如果他是邪恶的，他的妻子就会反对他。我倒认为，这个短语的字面意思就很有价值，即帮助本身就可以从反对中得来。在一个帮助与竞争共存的婚姻中，男人和女人通过挑战对方来帮助彼此达到更高的境界。

19 世纪英国哲学家约翰·斯图尔特·穆勒在他的革命性作品《妇女的屈从地位》一书里，呼吁女性解放运动。[4] 他认为："当前社会现存的规范两性关系的原则，即其中一方应该服从另一方，不但本身就是错的，而且成了人类进步的最大障碍。"只有在男女平等的情况下，他们才能"享受彼此的尊重和欣赏，享受在成长道路上带领和被带领的快乐"。在健康的亲密关系里，男人和女人可以在不同的阶段成为引领者，带领和帮助对方成长。

这种带领与被带领、帮助与竞争的观念不仅适用于男女之间的关系，还适用于其他亲密关系。在爱默生的散文《友谊》里，他承认"反对"是友谊的一个重要的先决条件。爱默生写道，他所寻找的朋友不是对他"一味地让步"或"避重就轻"的人，换句话说，不是一个对他所说的所有话都赞同的人。他期望看到一个"美丽的敌人，一个无法被驯服，但又懂得虔诚地尊敬别人的人"。[5] 哲学家埃德蒙·柏克也呼应了爱默生对于亲密关系的观点："那些与我们搏斗的人会强化我们的勇气，并且锐化我们的技巧。我们的对手往往是我们最好的助手。"[6]

一个只让我感觉"美丽"、支持我，但从来不反抗或挑战我的言行的人，是无法帮助我进步和成长的；一个反对我的言行但并不关心或支持我的人，则是敌对和无情的。而一个真正的朋友，应该是一个"美丽的敌人"。美丽的敌人勇于质疑我的行为或我的言辞，但无条件接受我的为人；同时，无论他们怎样反对我的言行，都不会影响他们对我这个人的关怀。

反思　谁是你生命中美丽的敌人？他们以什么样的方式帮助你？如何成为别人眼中美丽的敌人？

我和我太太塔米会开诚布公地沟通和分享我们的分歧和争论，那些冲突毫无疑问以后还会有。我们遭遇过小冲突，也共同应对过大僵局。但是，勇敢面对和解决这些问题的结果是，我们的关系更牢固，无论是作为个人还是作为夫妻，我们都更加成熟。为什么？因为在那些伤害、挫折、恼怒和恐惧之下，始终都有一种去学习和成长、让我们的亲密关系变得更美好的强烈愿望。

　　　　　　　　　　　　　幸福超越完美

我们不喜欢冲突，当然也尽量去避免它们；但当它自己找上门来的时候，我们会勇敢地踏入这个风暴。而当我们到达风暴之眼，感受到那不祥和的宁静（领悟和承认，了解和明辨）时，我们握着彼此的手，在困境中相互搀扶，带领或被带领，一起找到出路，到达更安全的彼岸。冲突的结果并不必然尽如人意，但我们可以学着好好利用已经发生的冲突，努力让它带来美好。

练习

◉　**完型练习**

　　以最快的速度完成以下的句子；尽量别想太多。然后读一下这些句子，看看你可以学到哪些与你自己和你的关系相关的东西。有些句子是针对某一个人的（X 表示一个你所关心的人），其他句子则关注你的普遍关系。

　　　　为了让我和 X 的亲密关系加强 5%……

　　　　如果让我多打开自己 5%……

　　　　为了增加我亲密关系里的亲密度……

如果我能多接受 X 5%……

如果我能多接受我自己 5%……

为了加强我和自己的关系……

为了将更多的爱带入我的生命里……

我渐渐发现……

　　　　　　　　　　　　　　　　　　幸福超越完美

冥

第 三 部 分

想

8

·

第一个冥想：真实的改变

> 并不是有些人有意志力，而有些人没有；而是有些人愿意改变，有些人不愿意。

> ——詹姆斯·戈登

埃伦·兰格和她的学生罗拉林·汤普森所做的实验，帮助我理解了为什么我和其他人从完美主义者转变为最优主义者的过程会这么艰难。[1]他们在实验里给了参与者一张列表，上面列出了一些不受人喜欢的个人特质，包括顽固、轻信、严厉等，然后他们问参与者，列表上有哪些特质是他们自己曾经尝试着改变的，以及改变是否成功。之后，他们要求参与者评估第二张列表上的特质，看看哪些特质是他们本人非常看重的，比如始终如一、信任、认真等等。这些参与者没有觉察的是，第二张列表上那些看起来积极正向的品质，正是第一张列表上所有负面品质的另一个积极面。比如，"始终如一"可以被认为是"顽固"的积极面，"信任"可以被看成"轻信"的积极面。

兰格发现，人们如果非常看重某些积极特质，就难以改变与这些积极特质相对应的负面特质。比如，一个十分看重始终如一的人，就很难变得少一点儿死板。因为，在他的内心深处，他下意识地害怕，一旦减少自己的顽固性，就会一并失去他善始善终的优秀品质。

沿着同样的思路，有些人不愿意放弃自己过度的内疚感，是因为他们不想失去自己敏锐的觉察力和善待他人之心；有些人不停地为这样做是否合适而焦虑，是因为他们害怕他们不焦虑就意味着他们没有责任心；有些人之所以成为固执的缺点挖掘者，是因为他们觉得没那么多好事发生，做一个利益挖掘者是脱离现实的。正如兰格所描述的："有些人无论多么努力都无法改变自己的行为，真正的原因是，那些行为以另一种名义给他们带来他们看重的价值。"

> **反思**
>
> 回想一下，是否有一些品质或行为是你想要改变但是一直无法改变的？那些你珍惜且不想失去的特质，是不是存在相应的积极因素？

完美主义很难克服的一个原因是我们把完美主义与一些积极

品质联系在一起。很多人在面试时声称自己的弱点是完美主义。他们通常把完美主义与确认事情已全部做好和专注细节这些积极品质画上等号。他们"承认"自己的完美主义其实是换一种方式证明自己的优点，那是在说，"我关注细节，有条不紊，努力工作，你绝对可以信任我"。

为什么我明知完美主义是导致我不幸福的原因，想要改变却这么困难？因为虽然我发现完美主义是个大问题，但我同时把它与"一丝不苟"和"有追求"联系在一起。由于我不想做一个马虎和懒惰的人，所以我选择（或是我的潜意识替我选择了）继续做一个完美主义者，尽管我深知我为此付出了巨大的代价。

为了让自己真正改变，我们需要对哪些是我们真正想要丢弃的和哪些是我们想保留的有一个非常细致的区别和理解。学者迪娜·尼尔提到了分别定义的重要性，分别定义是依据一个事物更细致的特征差别，将一个事物拆分成"两个或两个以上，明显不同的可明确定义的分项"。[2] 有许多特质被捆绑在完美主义中，为了改变，我们必须将它们分解，搞清楚哪些是我们要保留的，哪些是要去除的。

要想分别定义完美主义，我们可以从一些问题开始，这些问题是迪娜·尼尔建议的：完美主义对我的意义是什么？作为一个完美主义者，我能获得什么？完美主义中的哪一方面会使我感到骄傲？作为一个完美主义者，我所付出的代价是什么？其他人为我的完美主义付出了什么代价？完美主义中的哪些方面是我想保留的？完美主义中的哪些元素是我想丢弃的？

在我个人的案例里，我想要去除自己对失败的恐惧和对痛苦情绪的拒绝（也就是与负面的、不适应的完美主义相联系的一些特质），但我想要保留我的上进心和雄心（也就是与最优主义联系在一起的积极品质）。当我清楚定义哪些是我想要保留的元素，哪些是我想要丢弃的元素时，我内心的冲突少了很多，并为改变做了更充分的准备。当我们拆分了这些特质之后，我们可以决定是否真的做出改变；如果要做出改变，那么我们真正想改变什么。兰格建议，无论把分别定义这种方法应用在完美主义、顽固意识、缺点挖掘，还是应用在其他特质和行为上，最重要的是要把完美主义者的"全有或全无"极端思维，转变为一种更细致、更现实的理性分析。

练 习

◦ **分解完美主义**

列出一些你希望能改变，但到目前为止还无法改变的特征和行为，例如，过于焦虑、完美主义，或过于忙碌。然后写下与它们相关联的积极特征。比如，如果你觉得自己在每一件事情上都过于焦虑，那么与此相对应的积极特征可能是"习惯去关心别人"和"有相当强的责任感"。或者，你可以将"有追求"和"做成很多事情"看作"过度繁忙"的积极一面。请详细写下哪些是你想要改变的，哪些是你想要保留的。

9
·
第二个冥想：认知疗法

我们的情绪总是跟随着我们的想法，就像小鸭总是踏实地跟着鸭妈妈一样。但是小鸭充满信心地跟随着鸭妈妈，并不证明鸭妈妈知道自己该去哪里。

——戴维·伯恩斯

20 世纪 60 年代，认知心理学的发展就像一场革命，在心理学界引发了一场风暴，它挑战了主宰整个 20 世纪的两大心理学派：精神分析学派与行为主义学派。精神分析主要关注潜意识的驱动力与防御性，从而更好地理解病人，提高他们的生活质量。行为主义则关注外在影响，比如奖励和惩罚，来解释和修正病人的行为与体验。后来，认知心理学家出现了，虽然他们依然认可潜意识与外在因素的作用，但他们把重点转移到了人们的思想意

幸福超越完美

识上，比如我们的思维、念头和判断。认知心理学家将"选择"与"意志"这样的概念引入了心理学，并区分了认知心理学家与原有的两大派心理学家的不同，他们既不像精神分析专家那样相信我们是人类本能与早期经历的奴隶，也不像行为主义学者那样认为人类的行为反应是外界环境刺激的产物。

虽然大量证据表明，精神分析和行为疗法具有积极的效果。但是40多年来的研究显示，认知疗法至少与前两种方法同样有效，而在大多情况下确实要比两个旧学派更加有效。认知疗法更简单易行，尽管在有资质的治疗师的帮助下，学习和应用这些方法会更理想一些，可是，就算没有专业人士的引导，它的基本原理仍然可以帮助大多数人。

认知疗法的基本前提是，我们要关注我们对于事件的解释，而不是直接关注事件本身。这也是为什么同一事件可以引发不同的人完全不同的反应。事件会引起想法（对事件的解释），而想法会引发情绪（见图9-1）。我看见了一个婴儿（事件），认出她是我的女儿（想法），而后感受到爱（情绪）。我看见了正在等待我上台的听众（事件），把它看作威胁（想法），然后体验到焦虑（情绪）。

事件→想法→情绪

图9-1 认知顺序

关于认知疗法的研究指出，我们所体验到的大部分痛苦情绪都是可以避免的，因为它们通常是由被扭曲的观念和不合理的念头导致的。如果你邀请某人约会却遭到拒绝（事件），然后你得出结论——没人喜欢你了（想法），结果你失魂落魄好几个月（情绪），你就是在非理性地思考，而且你的情绪反应是不适当的、没有帮助的；如果对于同一个事件，你的结论是，这个特定的人并不喜欢你（想法），因此你感到难过（情绪），你就是在理性思考，而且你的情绪反应是适当的、有帮助的。

认知疗法的目标是通过消除被扭曲的思维，恢复与现实相一致的感受。当我们识别出某种非理性的思维（认知上的扭曲）时，我们可以通过改变对于这个事件的看法来改变我们对这件事的感受。例如，如果我在一项面试前感到极度焦虑，那么我可以审视引出这种焦虑的念头（如果我被拒绝就完蛋了，我再也找不到工作了），然后用一种理性的思维质疑和替代原本扭曲的思维，并对整个事件进行重新解释（虽然我真的很想得到这份工作，但除了这份工作，确实还有很多其他工作可以选择）。被扭曲的思维可以引发强烈而不健康的对失败的恐惧感；理性思维可以重新构建当前的局面，赋予其一种长远的意义。

反思 回想你在一种特殊情形下引发的强烈的情绪反应。你当时的反应适当吗？对于当时的情形还可以有其他解释吗？

PRP步骤

我发现，有一种非常有效的方法，可以应付与失败相关的负面情绪，无论对于失败的恐惧还是犯错之后的极度痛苦，这种方法就是PRP步骤：允许自己全然为人（permission），重新构建（reconstructing）当前的局面，以及扩展视野（perspective）。

全然为人。情绪就是情绪。无论它基于理性思维还是非理性思维，无论它是对现实正确的评估还是被扭曲的看法。要想以健康的方式应对自己的情绪，我们应采取的第一步是把它当成现实的一部分去接受它，就像我们必须接受万有引力一样。除了接受自身情绪，我们还要接受引发这个情绪的事件是一个事实。与事实对抗，假设自己没有感受到所感受的，或者假设已发生的事情根本没有发生，只会加剧痛苦的情绪。写下自己所感受到的一切，能更好地帮助我们允许自己情绪的存在。我们也可以简单地坐下来，体会自己的情绪或观察身体的表现，然后接受它们。

重新构建。当我们真正接受当前局面的现实以及自身的情绪时，我们就可以进行认知重建的步骤了。在这一环节中，我们改变对于一个事件的解释，使其从一个负面的、没有帮助的解释，转变成一个积极的、有帮助的解释。

心理学家乔·托马加和他的同事们研究证明，对于同一事件，我们把它看成威胁还是挑战，将引发我们不同的生理和心理反应。[1]假以时日，我们可以训练自己的思维，让它习惯性地把一个事件看作挑战而不是威胁。每当我在演讲前感到过度焦虑时，我都会重新构建我的想法，把它从威胁转变为挑战。我在其他一些事情上也尝试着这样做，转变我对一个事件的解释和评价，比如说，把一些义务当作特权，把考试视为一次冒险。

我们还可以回顾以前那些不如人意的事件，并且改变对它们的解释。例如，问自己从那次特殊的失败中学到了什么，我们已经成长或者还可以成长的空间是什么，以此来重新构建我们对于那些事件的看法。尽管我们依然可能会为那些事情而感到失望，因为那些事情的结果并不是我们期望的，但是我们可以提醒自己，在每一个重要的旅程中，无论最后多么成功，我们都无法完全避免失败。就像托马斯·沃森所说，如果你想提高你成功的概率，那么首先你得增加失败的次数。通过这种领悟，我们可以变为价值发现者而不是吹毛求疵者，认识到虽然不是每一件事都尽如人意，但总有一些人能从已发生的事情中发现有价值的一面。

扩展视野。韦恩·戴尔与理查德·卡尔森的忠告"别为小事担忧"是非常有价值的。[2]通常，当我们以更广阔的视角来看待眼前的情形时，我们的担忧、焦虑和失望就会消失。实际上，考试

幸福超越完美

得到一个 B 会毁掉我在人生中取得成就的机会吗？应该不会。一年以后，我还会觉得这次在演讲中结巴了几次那么要紧吗？应该不会。我们还可以进一步扩大自己的心胸和视野，感激我们生命中发生的精彩事件，这会让生命充满美好，在这些与日俱增的美好事件面前，那些微不足道的痛苦情绪黯然失色。

重新构建和扩展视野，并不是要避免所有的痛苦情绪。有一些不愉快的感觉其实是适当的。只有当我们的情绪与实际情形不相称时，我们才需要应用认知重建的方法，提醒自己不要为小事担忧。

我通常使用 PRP 步骤来应对我的痛苦情绪，特别是那些由完美主义引发的情绪。举个例子，不久前的一天，我计划在送女儿去托儿所和讲课之间的时间写一些东西。可是当我带着雪莉离开家的时候，我意识到时间已经太晚了，这个早晨我根本没有时间写作。当时我为自己不能更高效而感到十分烦躁，因为这没有达到我的期望。这时，我用了 PRP 步骤。

首先，我允许自己全然为人，去体验自己所感受到的失望和挫败。我没有因为自己产生这样的感觉而责怪自己，而是接纳它。接着我重新构建了当时的局面，从中寻找积极面，而我发现，这样的体验让我意识到我真的太忙了，我需要减少自己的任务以便更好地享受对我来说很重要的事情，比如和女儿在一起或写作。最后，我扩展视野，提醒自己在一年之后（甚至可能仅仅在一周之后）可能会认为没利用好额外的写作时间实在算不上什么。于是，我原本计划匆忙赶回家写一点儿东西，但我现在决定花一些时间和我的女儿在一起：在把她送进托儿所之前，我牵着她的手，在托儿所外面和她悠闲地散了一会儿步。

应用 PRP 是一种技巧，和其他技巧一样，这是需要练习的。最初，一步一步完成这三个步骤有些机械和生硬。不过，经过一段时间的练习，你就能非常自然地适应这个过程，它能帮助你应对或轻微或强烈的情绪，无论这种情绪是由理性的还是非理性的想法造成的。在面对一些比较强烈的情绪时，你会发现你需要花很多时间来接纳这些情绪。在其他时候，你可能仅仅意识到当下的情绪就足够了，可以立刻进入下一个步骤。

练 习

● PRP步骤

　　回想一件最近令你心烦的事，或者某件即将来临却让你担忧的事。

　　首先，给自己一个全然为人的机会：意识到发生了什么，接纳你因此而产生的情绪。如果需要，你可以写下或向自己倾诉你的感受，给自己空间和时间去体会情绪。这个步骤可以持续 5 秒钟、5 分钟，或者更长。

重新构建当前的局面。问自己现在的情形带来了哪些积极的结果。这并不是说你要为现在的情形感到高兴，只是从中寻找可能的益处。你从中学到了什么新东西吗？你对自己或他人有新的认识吗？你为此而更富有同情心，或者更加感激生命中拥有的一切吗？

最后，往后退一步，通过扩展视野来看这个局面。你的感觉有什么不同？一年后你会如何看待现在的情形？你还在为这件小事担忧吗？

PRP 步骤不一定要按部就班地做，你可以从全然为人直接跳到扩展视野，然后回到重新构建，然后又回到全然为人等等。

经常重复这个练习，可以主动回忆已经发生的事情进行回顾练习，也可以在某件事情发生的当下进行练习。这个练习做得越多，你从中获得的好处就越多。

10

·

第三个冥想：不完美的忠告

在我职业生涯早期，我总是会问这样的问题：如何治疗、矫正，或者改变这个人？现在，我用另一种方式提问：我如何提供一种方法，让这个人自己获得成长？

——卡尔·罗杰斯

我是一个解决问题的人。中学时，我最喜欢的科目是数学。它的清晰性、确定性，以及解完数学题后那种圆满的结束感，都是我喜欢数字游戏的原因。大学时，我的兴趣变了，完美主义和压力带给我的个人挑战，把我带离数字，让我转向人性与灵魂。尤其是在一开始时，我研究的是自己的人性和灵魂。虽然我研究的内容改变了（从数字变为人），但我的方法论没有改变，我仍然在追求同样的清晰性和确定性。

我的目标是让自己和他人都能更快乐，对我而言，这意味着找出解决所有问题的方法。在我读研究生那年，有一天，一个朋友在吃午饭时告诉我他正在经历困境。他不再确信自己选择了正确的领域，无法鼓舞自己，在应该工作时他却浪费了大把时间。我在听了几分钟之后，便开始滔滔不绝地自说自话。我分析了他的情况，笃定并自信地为他提供了清晰、简单的解决方案。

我告诉他一些可以帮助他辨别自己的激情所在的写作练习，和一条潜在的、有多种选择的职业路径。我和他分享了激励理论，然后给他提供了一些克服拖延的方法，这些主题我都非常熟悉，我已经学习、研究和讲授这些内容许多年了。绝对合理，绝对科学，绝对有见地——也绝对一点儿忙都没帮上。

在整个对话中，当我分享我的经历和专业意见时，我感觉他好像没有真的在听，我的话就像耳旁风一样。然后，我更努力地尝试，解释得更详细，将自己的建议重新措辞，提供了更多实用的练习和有创造力的想法，但依然没用。那天，我们分开之后，当我有时间反思我们的对话时，我才意识到，他需要的不是我的解决方案，而是我的存在；他不需要我的理论，而是一份用心的聆听。

正如卡尔·罗杰斯所说，治疗师所扮演的角色（或者在任何提供帮助的关系中）是为病人创造一个无条件积极关注的环境。在罗杰斯的方法里，心理学家需要做的很少，除了重复病人的话语，就是提供一个病人感到被接受的、安全的环境，让他们感觉在其中可以舒适地做自己。一段疗程之后，病人会内化治疗师无条件的积极关注而接纳自己，使自己变得更坚强，更有能力处理自己的挑战和困难。罗杰斯写道："我的目标，就是创造一个充满安全感、温馨、共情的气氛，一个我自己能够真实地给予的环境。"[1]

罗宾·道斯在他的著作《不可靠的计划》(*House of Cards*)中，引用了心理治疗领域大量的研究来证明，当一位治疗师掌握了基本技巧和知识时，他的治疗是否有效，不是取决于他获得的文凭的种类和数量，而是他所能达到的共情程度。共情让我们站在别人的角度上去思考，理解他人真正的需要。当我用心聆听他人的倾诉，而不只是想着怎么给他提建议时，我才更可能与我面前的人共情。一个有效治疗的基础，不在于智慧的口才和知识，而在于接纳与共情的能力。

虽然为朋友的问题提出解决方法会使我们感到自己有能力并给予了帮助，但这经常对我们的朋友有相反的效果。首先，提供解决方案会让两个人产生距离：一个什么都知道（高高在上），另一个却身陷困难（乞求帮助）。其次，被帮助的人会感到信心不足，特别是在他们已经感到自己很脆弱的时候。当我们提供建议时，无论我们的出发点如何，我们都习惯于以一种高人一等的、家长式的口吻来传递信息。

但是，当我们包容与接纳时，我们传达了不一样的信息。首先，最重要的是，我们在告诉对方"我和你是一起的，我关心你，你可以依靠我"。其次，我们是在告诉他："我相信你，你有足够的智慧和能力去克服这个难关。"当帮助的方式建立在接纳之上时，虽然很明显依然是一个人在提供帮助，另一个人在寻求帮助，但后者更可能感到被理解和充满力量。克制自己不去提供建议并不容易，特别是在需要帮助的是我们所关心的人的时候。但我们必须知道，提供建议并不永远是我们能给他人的最好的礼物。通常，只要在他们身边就已经很足够了。

有些时候，提供解决方案是合适的。比如说，当我的朋友挣扎于拖延的问题时，与他分享这个领域的专业意见，可能对他很有帮助，但分享过程必须在我专心地聆听他要说的话之后。人际关系的互动就像个人的内心活动一样，我们需要积极接纳：首先，我们要接纳，与他在一起，然后才是提出忠告和给出方案。不幸的是，并没有一个简单的法则告诉我们何时应该包容，何时应该主动提供帮助。这时，只有靠共情发挥作用了。一个善于共情的治疗专家或朋友，可以觉察到什么时候接纳已经足够了，知道什么时候提供解决方案将更有帮助。

完美主义者很愿意给别人提建议，把事情再次变得完美，不过，他们自己不愿意寻求他人的建议或者任何形式的帮助。事实上，寻求帮助，是完美主义者转变为最优主义者的最好的一种方法，通过这种方法，可以展示真实的自我，表达内心的需求，展现自己的脆弱。刚开始时，这会让他们感到尴尬和困难，但这就和任何新的行为一样，我们最终都会习以为常。对我个人而言，我在长期的亲密关系里所获得的最重要的启发，就是学会了寻求帮助，让自己在软弱时获得力量。我已经把这种领悟引入我生命中其他人际关系中。

反思 你有需要别人帮助的事情吗？你是否可以向一个你信任的人寻求帮助？

人类不是一系列数学公式，我们无法通过填上正确的数字来解决问题。人类的心灵和灵魂，特别是在困惑与脆弱时，最需要的是理解与关怀，而不是解决方案和建议。只有展现温柔的包容，培育接纳的土壤，一个人的全部优势、动力和力量才能喷发而出。

练 习

● **向他人学习**

回想一个在你的困难时期曾经帮助过你或者正在帮助你

的人。记录一下这个人，特别是他做了哪些事情对你非常有帮助。写下你们之间那些对有你帮助的特别的对话，或者这个人为你做的给你力量的特别的事情。

你从这个人做事和说话的方式上学到了什么？哪些是你可以用于帮助他人的？你可以回想其他一些曾经帮助过你的人，重复这个练习，然后总结一下这些帮助过你的人有什么共同之处。

11
·
第四个冥想：一个完美的新世界

试图培育一个完全幸福的社会，就是在制造一个恐惧的
文化。

——埃里克·威尔逊

赫胥黎在《美丽新世界》一书里，描述了一个未来，痛苦情
绪将会通过一种叫作"体细胞"的特效药被彻底根除。就在这本
书 1932 年出版之后仅仅不到一个世纪的时间里，赫胥黎所形容
的那个情绪上被消了毒、令人恐怖的世界似乎离我们不远了。

寻求快乐和避免痛苦是我们作为人类自然而健康的一部分，
但是科技的进步让我们窥见一个美丽的新世界。在这个新世界
里，我们原本健康的欲望被推向一个不健康的极端。我们现在的
文化着迷于完美的快乐，相信快乐和美满的生活是完全没有痛苦

的。当任何苦恼或不适破坏或将要破坏我们那些无瑕疵的、不间断的积极情绪时，这都会被当作发生内在错误的信号，我们必须马上修正它。

这些关于人类幸福感的误解是一个巨大的谎言，而医药界至少要承担一部分责任。太多医药专家宣称"寻求快乐，避免痛苦"是超级简单的，只要人们情绪上稍微有一点儿不适的迹象，他们就给这些人开药。如今，精神类药物被如此轻易地开给人们，这种行为（而不是语言）强化了人们的一个信念，那就是所有的痛苦情绪都应该被消除。

虽然有些特定情况下药物治疗是必要的，毕竟精神病学的发展确实救了很多人的命，但更多的情况下其实根本不需要药物。上个学期，我的一个学生有生以来第一次在考试中得了一个 B，几乎痛不欲生，仅仅在医生办公室里待了 30 分钟之后，医生就给他开了抗抑郁症的药物，这是他生平第一次看精神科医生。

除了一些特殊的情况，比如，某人有强烈的自杀念头和感觉，或某人有严重的抑郁情绪，除此之外，绝大多数痛苦情绪都不应该随意靠药物来消除。一个因为考试没考好而感到难过的学生没必要吃药，他需要做的是去学习应对失败或者加强对失败的认知；一个刚与恋人分手的人并不需要吃抗抑郁药，他需要的是释放自己悲伤的情绪；一个刚失业的人如果靠药物压制情绪，那么这对他没什么长久的帮助，他要做的是体验痛苦、经历磨难、反思和成长，当他终于渡过难关时，他将收获良多。用文学语言来说，情绪就是灵魂的复印件。随着时间的推移，我们能够慢慢读懂我们的灵魂和情绪，理解它们所包含的信息，然后采取合适的行动。

举一个我个人的例子。多年以来，我终于发现，每当我无缘无故感到深度悲哀或者觉得自己没有用时，当下通常都是我最忙碌的时候，此时我的盘子里放了太多的东西。我总是会将自己逼到极限，担当过多的责任而不肯放手任何一件事，因为我害怕我会因放手而错过什么。于是，我的情绪会以各种形式，如愤怒、无助、低落、悲伤，向我传达信息，告诉我应该停一下，去放慢自己的脚步，去简化自己的生活，去恢复能量。我当然也可以用药物来消除我的悲哀，然后继续工作下去，甚至做得更多，现代社会里很多人都选择这样做。但我的情绪的声音太重要了，如果充耳不闻，最终只会伤害我自己和我所爱的人。

 反 思　请想一下你正在经历或者最近经历的痛苦情绪。你可以从这个情绪中得到什么信息？

在电影《黑客帝国》里，男主角尼奥被要求从两个药丸中选择一个，一个是红色的，一个是蓝色的。红色药丸将泄露人类生存真相，一个痛苦的真相；而蓝色药丸则会使尼奥活在一个忘却一切的世界里，他并不知道他实际上活在一个控制了世界的力量所创造出来的虚假世界里，在这个世界里，他将永远保持平静和镇定。尼奥选择了红色的药丸，面对了扑面而至的严酷现实，踏上了一段冒险的旅程，一路上经历失败和悲伤的痛苦，也享受着突破和成长的喜悦。

当我第一次意识到完美主义让我在做一名运动员、一名学生、一位作家、一个父亲时所付出的代价时，如果我能够选择，那么我会选择没有完美主义的人生吗？或许吧。如果我当时就知道，我的收获将从挣扎中得来，成长伴随着情绪上的痛苦，那么我还会选择没有完美主义的人生吗？肯定不会。

如今，精神病药物发展的先进程度已经让尼奥的选择成真了。在《反对幸福》（*Against Happiness*）一书里，作者埃里克·威尔逊写道："也许在精神类药物的帮助下，我们的国度很快就再也不会有不幸福的人了。抑郁症将从此消失。"[1]

在不久的将来，我们自己，我们的子女或我们的孙辈将被给予一种快捷和简单的选择（一种药丸或者基因重组）来消除对于失败的恐惧，避开所有的痛苦情绪，并且还可以通过药物注射来增加自己的成就感。我希望下一代能选择那个红色的药丸，或者，最好根本没有药丸要选择。

练习

◎ **转变日记**

在第二个冥想里,我讨论了认知疗法与它潜在的益处。研究表明,当处理完美主义带来的心理问题,如焦虑、抑郁时,认知疗法的效果有时甚至要比药物更有效。如果能持续、有规律地做以下简短的练习,可以改变我们对于事情的解释,继而改变我们情绪上的反应。

制作一个表格,画出三列。在第一列里,简单描述一个引发强烈的痛苦情绪的事件。在第二列里,写下完美主义者对这个事件的解释,并且在后面的括号里写下这种解释引发了什么样的情绪。在第三列里,对这个事情进行认知重建,写下另一个选择,这种选择是一种更合适或更理性的解释,是一种最优主义者的解释方法。然后在后边的括号里,写下你在这种解释里体验或期望体验到的情绪。表 11-1 是一个例子。

这个练习并不能迅速缓解情绪或包治百病,有时我们除了需要对一个事件进行认知重建,还要做很多其他工作才能将焦虑转化为希望,将抑郁转化为明朗。但是,只要持续下去,这个练习就能显著降低由完美主义带来的痛苦情绪,并且为你提供一个健康的药物替代品。

幸福超越完美

表11-1　完美主义者和最优主义者对同一件事的不同解释

事件	完美主义者的解释	最优主义者的解释
我没通过考试	我是一个失败者，并且永远不会成功（挫败和自卑）	这只是一次考试，下次我会更努力的（充满希望）
我三周内重了3磅	我超重了，而且还在持续增重（抑郁）	作为一个人，我的体重是变动的。我已经一个月没运动了，但我会重新开始运动（决心）

12
·
第五个冥想：苦难的角色

> 深刻的不可言说的苦难，还有其他美丽的名字：一次洗礼，
> 一次重生，一个新境界的开始。
>
> ——乔治·艾略特

当我踏上最优主义者的旅程时，我希望自己生命中的痛苦、悲伤、焦虑和苦难通通被消除。很显然，我的完美主义为我设定了一个完美的目标。我渴望受到指引和照耀，从而找到我内心深处的一个地方，在那里，无论外界发生了什么，我都能感到快乐和满足。我没有找到这个地方。然而，我找到了苦难带来的诸多益处，继而认识到接受苦难的重要性。

虽然寻找快乐和避免痛苦是我们的天性，但我们如何面对苦难？我们身处的社会文化扮演一个核心的角色。在西方世界，人

们普遍拒绝苦难。我们将痛苦视为追求幸福的过程中的一个不受欢迎的干扰。我们抵抗它，压抑它，吃药治疗它，或者寻找一个速战速决的解决办法去消除它。在某些文化（特别是东方文化）中，苦难经常被认为在人们的生命中扮演重要的角色，它将我们从混沌引向光明。虽然我无法确认能否到达极乐和涅槃境界，享有完美的、永恒的内在宁静的状态，但我们仍然可以从佛教的方法中学习，面对生命中的"无常"和不完美，挫败和失望。

一位藏传佛教徒讨论了有关苦难的四个益处：智慧，坚韧，慈悲，以及对现实深深的敬重。[1]

智慧在苦难中显现。当生活一切顺利时，我们很少停下脚步，提出关于人生和如何面对困境的问题。可是，困难的来临常常迫使我们从一种无知而麻木的状态中觉醒，反思我们的遭遇。为了获得更深的见地，为了拥有一颗所罗门王所说的智慧的心，我们必须勇敢地进入风暴之眼。

尼采是一个很有智慧的人，他的一句名言是："不能打倒我们的，将使我们更强大。"苦难可以让我们更坚韧，让我们具有更强的忍耐力，在困境中坚持。就像肌肉在锻炼的过程中必须忍受一些痛苦，我们的情绪只有忍受痛苦才能坚强。海伦·凯勒在她的一生中经历了无数苦难和喜悦，她提到"良好的品质是无法在安逸与平稳中建立的，只有经过磨炼和苦难，人们的灵魂才能强大，愿景才能清晰，勃勃雄心才能被激发，成功才能实现"。

每个人都有受伤的时候，允许自己去感受这种正常的情绪，可以将我们变得更慈悲。字典对于慈悲的解释是"深刻感受到他人的苦难并希望减轻它"。可是，能够让我们深刻感受到他人苦难的唯一途径是体验我们自己的苦难。从理论上去理解苦难是没有意义的，就如同从理论上告诉一个盲人什么是蓝色。只有亲身经历，我们才能真正了解。正如弗里茨·威廉姆斯牧师所说："只要我们愿意，苦难与喜悦都会教我们如何共情，它们将我们带入他人的心灵和灵魂的深处。在这些如此清楚的时刻，我们可以看到他人的喜悦与悲伤，我们关怀他们的感受，如同他们就是我们自己。"

苦难最明显的一个好处，就是教育我们对现实和生命本来的样子怀有深深的敬意。喜悦时，我们会觉得自己无所不能，而痛苦的感觉则提醒我们有所不能。只有在不管如何努力我们都会受伤时，我们才能看见自己忘乎所以时无法察觉的约束，这些约束让我们真正懂得谦卑的意义。人们有一个习惯：狂喜时，总喜欢抬起头，看见的是天空，看到的是无边无际；痛苦时，却习惯性地低下头，看见的是大地，是有限的一方。在我看来，这不仅仅是一个具有象征意义的巧合。

神圣的犹太人拉比布尼姆曾经说，我们每天都应该在两个口袋中放上两张纸条；第一张写着犹太法典《塔木德》里的话"整个世界只为我创造"；第二张写着《创世记》里的句子"我不过是灰尘"。健康的心理状态存在于两者之间的某一点，也就是介于骄傲自大与卑躬屈膝之间的一种状态。就像骄傲与谦卑的平衡可以带来健康心理，狂喜和痛苦有机结合可以使我们更健康地面对现实。

狂喜能使我感受不可战胜：它使我感到我是自己命运的主人，我创造了我的现实世界。痛苦却使我感到脆弱和卑微：它使我感到我是自己周围环境的仆人，我无力控制我的现实生活。仅有狂喜会导致不切实际的傲慢自大，而仅有苦难则会引起认命的心态。面对人生起伏和命运变迁，我们更需要亚里士多德的平衡之道。

 反 思　回想一下，在你经历苦难的时期，你从苦难中学到了什么？你以什么样的方式获得成长？

对现实深刻的尊重，意味着接受现实本来的样子，包括我们的潜力、限制，以及本性。意识到苦难是生命的一部分和痛苦能够带来好处，例如能够培养智慧和慈悲，这可以使我们更多地接纳苦难。当我们真正接受悲伤和不幸不可避免时，我们的苦难实际上反而减少了。

纳撒尼尔·布兰登将自尊，即以自我接纳为中心，形容为意识上的免疫系统。强大的免疫系统并不意味着我们不会生病，而是意味着生病概率降低和康复速度更快。类似的，苦难不可能完全消失，但当我们意识上的免疫系统变强大时，我们会经历更少的苦难，而我们一旦真的遭遇苦难，就会恢复得更快。

苦难可以带来好处并不意味着我们应该主动寻找痛苦，就像疾病可以增强我们的免疫力，但没有人会主动感染病菌一样。我们自然会在生命中寻找快乐，并且尽力减轻我们所忍受的痛苦。不过，不用我们自己主动寻找苦难，这个不完美的无常的世界已经给我们足够的机会，去强化我们的免疫系统。

佛学四谛的第一项就是苦谛：所有人都会经历苦难，这一真谛我们或者拒绝，或者视为人生不可避免的经历而接受。当我们学会接受，甚至拥抱困苦时，我们的苦难就会变成我们成长的工具。

练 习

◎ **沉思苦难**

　　用至少20分钟的时间，写下你生命中一个经历苦难的时期。描述一下所发生的事情，你当时的感受如何，你现在的感受又如何？这个经历对你产生了哪些影响？你从这个经历中学到了什么经验教训？你如何在其中成长？这个经历还能教会你什么？请用一种无拘无束的方式来写，不用在意句式和语法。

重复这个练习可以获得更多的益处。你可以继续写同一个经历，也可以写另外一段痛苦的经历。[2]

13

·

第六个冥想：铂金法则

别忘记去爱自己。

——索伦·克尔恺郭尔

无论在世俗还是宗教的道德准则中，总会存在一个黄金法则，尽管说法不尽相同：自己做不到的事情不要强加于他人，即"己所不欲，勿施于人"。这个黄金法则总是提醒我们考虑和关心他人，可是我们自己由谁关心呢？这个黄金法则假设人们理所当然地爱自己，因为自我本身就是爱别人的标准，我们怎么对待"我"，就应该怎么对待他人。但圣人通常忽视了这个事实：并不是所有人都爱自己。或者说，当我们成长到足够大，有力量将"挖掘缺点"这个致命的利剑转向自身时，我们开始不爱自己了。

我们很少指责他人容易犯错误，却经常会否认自己的天性。

正如黛安娜·阿克曼所指出的:"没有人能活得完美,我们大多数人也不期望别人能做到完美;但是我们常常这样要求自己。"[1]为什么有双重标准?为什么对他人如此大方,对自己却这么吝啬?所以,我建议再增加一条新的法则,我们可以称它为道德标准中的"铂金法则":他人做不到的事情不要强加于自己,"人所不欲,勿施于己"。

看一看我们在对待他人时所采用的态度和标准,可以帮助我们意识到,我们在对待自己时那些非理性的、毁灭性的思维和态度。你会因为你的伴侣演讲得"不够完美"而去责怪她吗?如果你最好的朋友一次考试没考好,那么你会因此贬低他的价值吗?如果你女儿或父亲在某项比赛中没有得到冠军,那么这个不完美的成绩会影响你对他们的爱吗?应该不会。可是当我们自己没能达到期望时,我们经常会认为自己没有足够的能力,甚至把自己视为一个彻底的失败者。

当一位出访西方的佛教徒开始和一些西方科学家一起工作时,他非常惊讶地发现他们的自尊心是一个大问题:许多科学家都无法爱自己,而且自我厌恶是非常普遍的。而爱自己与爱他人(对自己吝啬,对他人大方)的差别在佛教里是不存在的。佛教认为:"慈悲,就是将自己与他人平等相待。"[2]一个人是否可以对自己有慈悲心?这位佛教徒说:

首先是你自己，然后你才能以这种热切的愿望拥抱他人。从某种程度上来说，高度的慈悲心其实就是对自己的爱更大范围的延展。这也就是为什么一个有强烈的自我厌恶感的人，很难对他人有真正的慈悲心。因为他缺少了一个可以开始的、稳定的起点。

很多研究指出，自尊在一个人应对困难时格外重要。但最近，心理学家马克丹·利里和他的同事们证明，在经历困难时，对自己的同情心其实要比自尊心更加重要。[3] 利里对此做出解释："自我同情可以使人们不会在坏事已经发生时不断加重对自己的指责。如果人们在失败或犯错误时，只是为了让自己得到教训而不停地责怪自己，那么只会让自己无法坦然地、从容地应对问题。"

自我同情包括理解自己、善待自己，对于痛苦情绪敏锐地接受，而且认识到每个困难经历都是人生中正常的一部分，在我们考试没考好时，在工作中犯错误时，在乱发脾气时，原谅自己。利里认为："美国社会花了相当大的时间和努力去提高人们的自尊心，实际上幸福感更重要的一个维度是自我同情。"

虽然利里强调自我同情是重要的，但是他在自我同情和自尊上的区分是不必要的。纳撒尼尔·布兰登强调了自我接纳，这与利里的自我同情非常相似，布兰登认为这本身就是自尊的支柱之一。自我同情和自尊其实紧密地联系在一起，无法分割。

反 思　你对自己怀有同情心吗？你对自己还能更有同情心吗？

　　当利他主义，即利己的反面，被视为西方世界道德观的基石时，爱自己就变成了公敌，每一个人都试图将它连根斩除。攻击人性（爱自己和利己主义）导致了可怕的结果，无论在政治上还是在个人层面（低自尊的普遍现象）。

　　宣扬所谓利他主义的人们强调那个黄金法则，并扭曲它的含义，他们断章取义地宣扬"爱他人"，却试图将"爱自己"切除，实际上，他们在切除爱他人的根基。试图减少爱自己而增加爱他人只会适得其反。爱他人的前提是爱自己，正如哲学家安·兰德所说："在学会说'我爱你'时，人们必须先学会说'我'。"

练 习

●　**完型练习**

　　完成以下句子。记得在写之前不要想太多，等到完成后再去分析自己的答案。

如果我能多爱自己 5%……

为了提高我的自尊心……

为了给自己多 5% 的同情心……

为了给他人多 5% 的同情心……

我开始发现……

幸福超越完美

14
·
第七个冥想：是的，但是……

推动世界进步的重要使命并不需要等待一个完美的人来完成。

——乔治·艾略特

我上周参加了一个晚餐聚会。大家话题广泛，从心灵到政治，从食物与烹饪到体育与文学。后来我们围坐在桌边，讨论起对自己具有影响力的书籍。轮到我时，我热情地向大家介绍了《基业长青》，这本书介绍了具有远大理想的企业，通过强大的价值观和强大的文化而成功、对世界有着巨大影响的组织。我当时提到了华特·迪士尼，他就是一个梦想远大并为社会做出了卓越贡献的企业领导者，但女主人忽然打断了我："是的，你说得没错，但是我听说他对下属很吝啬。"那个"是的，但是……"小木槌再次敲了起来。

当人们说起比尔·盖茨时，他们也许会谈及他在科技上的贡献或者他出色的商业才能，紧接着，那个小木槌就会敲起来："是的，但是他垄断，阻碍竞争。"是的，J. P. 摩根在很多时候帮助了美国政府，而且也为商界设定了很高的标准，但是他参与了一些见不得人的勾当。即使一些伟大的政治人物也无法躲开"是的，但是……"的轰炸。是的，林肯解放了黑奴，但是他在南北战争前的一场讲演中主张白种人的优越性。是的，甘地带领印度走向自由，但是他有时候对老婆非常凶。这样的例子数不胜数。

林肯如果真的曾在言语上对黑人不敬，那么最多令人感到失望，但是他的行动使得数百万黑奴得到真正的解放。J. P. 摩根也许不是一个圣人，但是他在美国经济发展中扮演了重要的角色，增加了美国经济发展的信心，帮助美国成为世界上最繁荣的国家。可是，人们随时准备着挑剔和抹杀这些人的丰功伟业，在故事书和神话传说之外，人们不愿意接受一个卓越的、无与伦比的英雄，因为他只是一个人。问题并不在于完美的英雄是否存在，而在于我们是关注这个人的核心品质，关注他们的成就与贡献，还是热衷于寻找（肯定会找到）他们的缺点。

我们选择关注积极面还是消极面，决定了我们在他人和我们自己身上看到了什么。一个关注消极面的吹毛求疵的完美主义者会将消极的事看成世界的主动力，认为美好是被动出现的，没有坏的才是好的。一个有着积极观念的价值发现的最优主义者会将积极的事情看成现实中的主动力，没有好事才是一件坏事。

巧合的是，绝大多数宗教和信仰体系都会将好的形容为光明，将坏的形容成黑暗。光，本身就是主动的；黑暗，只在没有光时才会出现，是被动的。一块黑布并不能使一个充满光亮的房间变暗，但是一根小小的蜡烛可以点亮整个黑暗的房间。当埃德蒙·柏克说"只有当好人什么都不做时，邪恶才会得胜"时，他所意识到的是现实中积极力量与消极力量的关系：邪恶会出现在没有善良的地方。

关注负面的人相信，只有所有坏事全部消失，美好才会存在。这种观念会带来一个极大的暗示——一个人只有完全没有污点或瑕疵，才算一个好人。没有一个人可以通过这样的测试，因此，没有一个人值得我们崇拜。

关注积极的人相信，坏事是被动出现的，而好事是可以主动争取的。这种观念也存在一种极大的暗示——我们的世界只能通过人们去实现美好，只有勇敢行动才能变得更好。如今，勇敢行动是一种美德，那些具有这种美德的人仍然会不可避免地犯错误，但是为了美好的世界，他们愿意承担这个风险，他们愿意付出这样的代价。

我们关注积极面还是消极面，除了决定我们如何对待他人和自我，还直接影响我们未来的生活。我们关注的焦点将决定我们过一个主动的人生还是被动的人生。我们终生逃避不幸福（消极的），还是追求幸福（积极的）？我们被动避免压力，还是主动寻找快乐？我们的大部分时间是用来创造光明，还是逃避黑暗？我们是去过一种主动而冒险的生活（创造美好），还是去过一种安全而无所事事的生活（躲避坏事）？关注消极会使我们把恐惧当成生命中的基本动力，使我们害怕犯错误，害怕不完美，害怕被责罚。终究，没有一个人，甚至我们社会中的那些英雄和楷模，能在我们自己或他人眼中完全圣洁无瑕，那么我们又要成为谁呢？我们这些普通人还在烦恼什么呢？

喜欢关注负面的完美主义者，因为非常害怕犯错误，通常会不敢行动，维持现状，而最终一事无成。相反，关注积极的最优主义者知道，虽然行动有时候意味着犯错误，但一味地避免错误不会获得幸福，美好的生活必须要主动追求。关注积极并不代表忽略负面的事物，最有效的消除负面的方法是创造积极与美好。

反思　考虑一下你在什么时候举起了"是的，但是……"小木槌，是在评价某个社会名人时，还是在你自己的亲密关系里？这种打击别人的方式使你付出了什么代价？

无论是在我们自己的、那些英雄人物的，还是世界的历史

　幸福超越完美

中，我们都能找出黑暗面和污点，它们玷污了纯洁无瑕的积极的一面。选择如何看待这些瑕疵，决定了我们每个人的未来和我们共同的未来。我们是应该因为害怕把双手弄脏而躲进木桶里，还是应该追随普罗米修斯的冒险之路，冒着自己被烧死的危险，把火种传给人类？我们是应该继续消极地对那些社会名人挑毛病，还是应该让自己变成一个可以推动进步的积极行动者？

批评伟人不道德的行为以及他们的错误很简单，因为没有人是完美的。但就像西奥多·罗斯福在 1910 年时所说的：

> 一个人不应该由那些批评家来评判和指指点点：为什么这个强壮的男人会跌倒，那个实干家在哪里可以干得更好。真正的荣耀属于竞技场里的斗士；他们的脸上被泥土、汗水和鲜血弄脏；他们勇猛地战斗；他们一次又一次失误和惨败，因为奋斗必然伴随着错误和缺陷；他们有伟大的热情和伟大的奉献精神，为了使命全然投入；他们知道，如果幸运，他们可以在最终的成功中欢呼胜利；他们还知道，如果不幸遭遇失败，那么他们至少输得勇猛而体面；他们还知道，无论赢了还是输了，他们永远不会和那些根本不知道什么是胜利和挫败的、冷漠而胆怯的灵魂为伍。

因为害怕犯错而不去行动的人是懦夫，而不是圣人。真正的英雄是那些允许自己全然为人的人，他们知道，只要追求美好就会冒着失败的危险，只要行动就会冒着沾满泥污的风险。而我们这些坐在餐桌边高谈阔论的人，真的应该赞美和感谢那些勇敢的、不完美的平凡人！

练 习

◈ 世界因你而不同

你可以做些什么让这个世界变得更美好？承诺自己 1~2 件你可以帮助他人的事情，不管是为当地报纸写一篇你觉得对他人有意义的评论，在孩子的学校里做志愿者，还是多花些时间去陪陪某个需要帮助的朋友，都可以。不要再等待了。去做吧！即使你可能做得不完美！

给予，才有收获。关爱社会的行为将为你带来大量好处，包括增加你的幸福感，让你的身体更健康。[1]

15
·
第八个冥想：美丽的衰老

当我们放弃追求更年轻、更苗条时，日子是多么美好啊！

——威廉·詹姆斯

  耶鲁大学公共健康学院的贝卡·利维在一个针对老年人的研究里，发现人们对于衰老的看法明显影响了他们的寿命。对衰老抱有积极看法的人，比那些抱有消极心态的人平均寿命要长 7 年。[1]利维的研究证明，以积极心态去面对衰老的人生活质量更好，那些接纳衰老和衰老过程的人，身体明显更好，精神也更健康。利维的一个研究显示，从积极面提及和谈论年老（比如智慧）可以帮助老人增强他们的记忆力，而经常从负面谈及衰老的话题（比如衰退）会减弱他们的记忆力。信念是自我实现的预言。

  不同文化对于衰老的观念不同，而这些文化观念影响文化中的个体对于衰老的看法，继而影响人们的身心健康。比如，在美国的文化中，人们普遍对老龄化问题有着负面的看法，而且美国人在老年时记忆力丧失的问题远比亚洲人严重。亚洲人身处的文化普遍有敬老尊老的习惯，越老越受到尊敬和推崇。看起来，成为一个中国圣贤似乎要比成为美国圣贤容易得多。

我们对于衰老的态度在我们年轻时就影响我们。如果我们把衰老看成需要避免的事情，那么我们可能会浪费时间去逃避我们迟早会老去的命运。而另一方面，如果我们能欣赏和找到衰老的价值，我们就会有一个更好的期待和追求。当我们花时间积极追求，而不是消极逃避时，我们会享受更好的身心健康，尤其是在像衰老这样的问题根本无法逃避时。

在美国和其他抗拒衰老的文化里，数以百万计的人采取极端措施，投入过度的时间、精力和金钱，来逆转这个自然的进程。设法看上去更年轻并没有本质上的错误，通过健身和运动来保持身体状况良好更是十分正确的，但是拒绝接受并执着抵抗这个自然老化的过程，就大错特错了。

为了活得更快乐、更健康、更长寿，我们必须接受生命进程，改变自己对于衰老的观念。无论我们喜不喜欢，我们都会随着时间改变，在一些方面我们会越变越好，而在另一些方面我们会越变越差。我们都清楚，变老是一个衰退的过程，特别是身体上的衰退。但我们没有意识到，变老的过程也给了我们获得智慧、情感、灵魂上的成长的绝佳机会。

我的用意并不是要将衰老浪漫化，只是为了使它真实，无论是好是坏。当然，衰老时确实会带来困难，以人们不欢迎和意料不到的方式影响着老年人，比如带来疾病和意外。但同样，年龄的增长也有一些潜在的好处。我们在 60 岁或 80 岁时，能够看到和理解的、明了和感激的，与 20~30 岁的时候有能力看到和领悟的，有明显不同。精神和情感的成熟没有捷径；智慧、理性、理解力和洞见，都随着时间的推移和经历的积累慢慢成长。健康的变老是指积极接受衰老带来的真实的挑战，同时感激在年龄的增长中显现的真实的机会。

对衰老抱有负面看法的人，与青春的逝去作战，他们的生命变成了一场战争，一场赢不了的战争；他们的结果必然是失望和不幸福，不只是在他们年老的时候，在他们仍然年轻时，这场必输的战争就已经开始了。与此相反，那些欣赏和感激衰老的人，能从老化和成长的自然过程中，获益更多。正如奥利弗·温德尔·霍姆斯所说："一个 70 岁的年轻人，要比一个 40 岁的老人更快乐，更有希望。"

 反思 随着时间的推移、年龄的增长，你在哪些方面获得了增长和进步？你希望怎样继续这样的成长？

人们对衰老抱有消极看法的另一个原因是，现今的年轻人已经普遍不再去找老一辈的人寻求忠告了；因此，年轻人，甚至老年人自己，都不能看到和欣赏到随着年龄的增长而与日俱增的智慧。这其中一部分的责任应归咎于科技的发展。如今，因为科技知识更新得太快，自然秩序颠倒了，年轻人要给老年人当老师了。从"科技知识"扩展到"所有知识"，很多年轻人相信他们已经拥有了全部答案，不再尊重长辈具有的智慧，意识不到人生经历具有的价值。

培养独立的自我意识一个很重要的部分，通常在青少年时期就开始的一个过程，是摒弃老一辈人的智慧和指教，去享受战无不胜的感觉，实现完全按照自己意愿生活的愿望。尽管这对青少年来说是自然和正确的，但一个成熟的成年人会学着向别人学习，特别是那些有更多人生经历的人。马克·吐温有一段著名的文字，描述了年轻人对老人从排斥到赏识的自然过程："当我14岁的时候，我爸爸什么都不懂，我简直不能忍受这个老头站在我旁边。可是，当我21岁的时候，我惊讶地发现这家伙在7年里学会了这么多东西。"

在《圣经》中，上帝命令我们"当孝敬父母，使你的日子在耶和华你神所赐你的地上得以长久"。现今，我们已经有了科学证据，表明《圣经》中的话语与科学之间的联系：尊敬父母或其他老年人与长寿密切相关。当我们崇敬和尊重老年人（无论是我们的父母还是其他老人）的智慧，花时间聆听他们并向他们学

幸福超越完美

习时，我们会领悟到他们的价值，进而意识到衰老的价值。贝卡·利维的研究显示，积极看待衰老的问题能让我们活得更久，同时活得更好。

从社会层面来说，如果我们能从如今人们投入"抗衰老产业"的大量资金中，抽出一部分应用于创建和发展"美化衰老产业"[2]，社会整体的幸福感就会提升。比如，我们最好抽出一些美容和整形手术的费用，去建立终生学习的教育体系。

奥斯卡·王尔德曾经说过，"青春用在年轻人身上是一种浪费"。对于那些认识不到老年人价值的人，我们可以说，"年老在老年人身上是一种浪费"。无论我们是20岁还是80岁，我们都必须在当下做出选择，我们的余生要么与自然过程抗衡，要么拥抱逐渐老去的现实。请立刻选择。

练 习

● **向长者学习**

请找一位比你年长或在某些领域里比你更有经验的人，安排一次你与他的对话。你从他身上可以学到什么？去询问他的人生经历，包括错误和胜利，以及他从中学到了什么。用心聆听他的真心话。

我并不主张我们在听取别人的忠告和建议时放弃自己的判断力，无论是老年人还是年轻人的忠告；但我绝对主张，当这些智慧只能来自人生阅历时，我们要虚心听取。我们不但能得到很多对我们自己的人生有帮助的建议，而且会更加欣赏长者的价值，因而培养一种对于衰老的更积极的认知。

幸福超越完美

16
·
第九个冥想：情绪伪装

我们感觉自己是骗子。我们把自己的感受当成秘密，我们假设这世上没有人像自己那样神经质，也没有人和自己一样有独特的缺陷。

——黛安娜·阿克曼

自从维多利亚女王在 19 世纪统治英国后，英国确实有了许多改变和进步。革命像浪潮一样为世界创造了新秩序，不仅体现在政治上，还体现在我们的日常生活中，比如我们的穿着和说话方式，对于性和艺术的态度等。在过去一两个世纪里，最具争议性的转变，是人们由过度拘谨变得过度开放。经过仔细观察和研究，我们发现，实际上这种转变并没有看上去那么严重。

我们因为自己比祖先更无拘束、更开放而感到骄傲，但是实际上我们的进步最多只不过开放到皮肤。当我们暴露自己身体的时候，我们的心被埋藏得很深；当我们可以大肆公开地讨论性时，谈论脆弱的爱情却成了禁忌。纽约市大街的夏天因男男女女裸露的肌肤而变得火辣，但我们只有在心理医生那个小房间里，才敢露出灵魂赤裸的一面。我们已经变成了情感上的伪君子，或者，我们一直都是。

在19世纪时的英格兰、新英格兰及周边地区，真正的淑女的标志，就是能隐藏自己的感受和压抑自己的欲望；真正的绅士的标志，是能够战胜和超越自己的情绪。现在，我们很多人，特别是完美主义者，会感到必须压抑自己情绪上的不适，必须是快乐的或者至少看起来是快乐的。

完美主义者期望拥有不被干扰的、从不间断的快乐，这却只会带来更多不快乐。我们被教育要隐藏自己的痛苦，假装微笑，把勇敢写在脸上。当我们总是会看到完美的微笑绽放在别人完美褐色皮肤的脸上时，我们开始相信自己就是一个怪胎——因为我们有时会感到悲伤、孤独，我们不像与我们在一起的那些人所表现出来的那么快乐，总之我们和别人不一样。我们不想成为那个怪胎，不想暴露自己的羞愧，不想破坏这场节日里盛大而欢乐的马戏表演，于是我们用小丑的面具来遮掩自己的不快乐，当有人问我们过得怎么样时，我们绽放出闪亮的微笑回答："都很好啊。"然后我们跑到精神专家的小办公室里，命令他们立刻去除我们的悲伤（尽管他们不需要命令也会这么做）。我们参与了一场愚蠢的表演，成为否定人类天性那个大骗局的共犯。

布拉德·布兰顿在他的著作《基本的诚实》（*Radical Honesty*）中写道："谎言就像地狱。它耗尽我们，它是人类所有压力的主要来源。说谎置你于死地。"[1]对大部分人（除了精神病患者）来说，说谎都会带来极大压力，这也是为什么测谎仪通常都很有效。当我们隐藏自身的一部分，对自己的感觉说谎时，我们在谎言带来的压力之上又增添了压抑情绪带来的压力。相反，当我们对自己和身边的人承认自己的感受时，我们才有可能体验到诚实带来的平静，和允许自己全然为人时的释然与轻松。

德国最新发布的一份报告声称，那些在职业中必须保持微笑的人（比如商店销售人员、空姐等）被发现更容易压力过大，患抑郁症、心血管疾病、高血压。[2]大多数人每一天都或多或少需要戴上面具做人；基本的社交礼仪有时需要我们克制自己的情绪，无论愤怒、失望还是激情。无论是从事服务行业、每天大部分时间必须去伪装的人，还是每天只有一小部分时间与他人互动时需要伪装的人，都需要解决这个问题，而解决的方法是布赖恩·利特尔所说的"恢复空间"。这个"空间"包括与一个信任的朋友分享你的感受，在日记中写下你脑海里浮现的事情，或者在你自己的房间里独处。根据个人不同的需要，有些人可能只需要10分钟就能从情绪的伪装中恢复过来，而有些人可能需要数小时。

恢复过程的关键是卸除你的伪装，面对真实的自己，允许自己体验任何升腾而起的情绪。

现在已经有大量"积极自我对话"的方法，比如，在低落的时候不断对自己说"我很棒"，经历困难的时候对自己说"我很坚强"，或者每天早上在镜子前对自己说"我每天在各方面都会变得更好"。能证明这一类自我鼓舞的话很有效的证据非常少，而一些心理学家提示，这样做对我们的伤害实际上远远大于对我们的帮助。不幸的是，几乎没有关于"真实的自我对话"的著作，告诉我们应该诚实地承认自己那一刻的感受。在情绪低落的时候说"我真的很伤心"或者"我感觉心都碎了"，无论对自己还是对我们信任的人说都可以，这要比声称"我很坚强"或"我很快乐"有用得多。

 在生命的哪些时候你需要戴上情绪的面具？在你的一生中，你将在哪里、与谁创造你的"恢复空间"？

压抑自己的情绪和伪装自己，不仅会让我们自己不开心，还会给他人带来不快乐。这样，大骗局（在我们不开心的时候假装自己真的很开心）助长了幸福大萧条（世界上不幸福的总体水平不断上升）。在假象中，我们传达给他人的信息是，我们每一个人都过得很好，除了你。这让他们自我感觉更差，让他们更坚定地隐藏自己的痛苦。我们始终隐藏自己的情绪，实际上是不给别人全然为人的机会，让他们分享他们的情绪。如此循环往复，他们那快乐、勇敢的脸庞在告诉我们，其他每一个人都过得很好，因此我们的自我感觉更糟糕。于是，我们所有人都继续用我们的方式微笑着，用不真诚的语言和手势舞蹈着，在一个大骗局的旋涡中一同沉沦着，直至沉入集体抑郁和幸福的大萧条。

有些人认为，当我们听说别人的痛苦和不幸时，普遍会有一种感觉不错、心里很舒服的感觉，这其实暴露了人们心灵的阴暗面。德国人还有个专有名词 Schadenfreude（幸灾乐祸），加里·科尔曼在《可爱大道》中称，这是"建立在他人不幸之上的幸福"。但是，还有另一种更宽容的解释，说明了为什么人们在听说别人不幸时会幸灾乐祸：我们之所以会感到更好，是因为我们认识到自己是个正常人，在痛苦面前我们并不孤独。

希望人们更真实地坦露自己的情绪并不是要大家每时每刻都毫无保留地暴露自己，这永远都是不合适和没有帮助的。在完全暴露和全然隐藏之间有一个健康的平衡状态。比如当别人真诚地问"你好吗"时，偶尔给一些诚实的答案，比如"有一点儿伤心"或"稍微有一些焦虑"，这可以帮助自己和身边的人，少一点儿伤心，稍微多一些信心。虽然我们的完全暴露应该留在我们卧室的枕边、心理医生的沙发里、有密码保护的电脑里，因为只有在这些时候才能完全不戴面具，但是平时限制一下完美面具的使用总是对我们有好处的。不过，或许我们在公司董事会上或万圣节派对上还是要戴面具的。

有一些人认为，从感情上来说，自从维多利亚时代以来我们反而是倒退的。精神医生尤利乌斯·霍伊舍感慨地指出，现代人耻于表露自己的情感让他深感悲哀。他为此引用了法国传奇表演家莫里斯·舍瓦利耶的一段话："原来女孩子在害羞时会脸红，而现在她们在脸红时会害羞。"所以，我们需要的不是假装我们在维多利亚女王时代之后已经不断在进步了，我们需要真实的进步，去变得真实。

练 习

◎ **完型练习**

在以下每个句子主干后写下至少 6 个结尾，写得越快越好，不要分析或思考太多。完成后看一看你写下的答案，思考它们的含义，然后写下你承诺采取的行动。

为了能多公开自己 5% 的感觉……

如果我能更坦露自己的感觉……

如果我能多 5% 意识到自己的恐惧……

当我隐藏自己的情绪时……

为了让自己多 5% 的真实……

17

·

第十个冥想：知与未知

智慧永恒不变的特点就是能在平凡中看到神奇。

——爱默生

我们害怕未知。我们拼命想知道去年夏天发生了什么，昨天晚上发生了什么，甚至史前发生了什么。我们还想知道下周将要发生什么，或者再过 10 年或一千年这个世界将变成什么样子。我们当然还会在当下寻找，想要知道我们的生命此时此刻到底意味着什么。与坏消息相比，我们更害怕没有消息；一个无法确认的诊断，比一个明确的但负面的诊断更让我们不安。除了纯粹的好奇心，我们"渴望知道"其实是一个深刻的生存需要，如果知识就是力量，那么缺乏知识意味着脆弱。

"发现"了上帝（有些人认为应该是"发明"了上帝）大大

减轻了人们对未知的焦虑。那些敢于对未知做出确定承诺的人，被人们加冕为王。当我们的未来受到威胁时，比如在数次战争中，我们会跟随一位承诺确保我们未来的领袖。当我们生病时，我们会把医生视若神明。当我们是孩子时，我们会依靠那些看起来无所不知的大人来减轻自己的焦虑。之后，一旦父母的不完美暴露出来，他们就被导师、大师或上帝替代了。

但实际上我们内心依然焦虑，因为我们深深知道，我们面临着那么多未知。历史学、考古学、心理学都无法完全解释我们人类和我个人的过去。关于来世活灵活现的描述、下个月的星象图，哎呀，就连夹着占卜小纸条的幸运饼干，都无法告诉我们明天将发生什么、后天会怎么样。而当我们真正去思考时，我们甚至连现在到底是什么都搞不清楚了。

我们该如何克服这种恐惧？宗教信仰当然有帮助，这也是为什么有信仰的人普遍要比没有信仰的人活得更快乐。参加一个有清晰规则和界限的组织可以为我们的混乱带来些许秩序。阅读《新英格兰医学杂志》《心理学公报》《欧洲考古杂志》或最新的《科学杂志》都能够帮助我们在晚上睡得更好，虽然这些学术期刊并没有提供所有的答案，但或多或少有那么一点儿用。可是通常来说，这些远远不够。

那么我们该怎么办？我们需要去接受，我们有时候确实不知道，而且永远无法知道。我们只有接纳和拥抱不确定性，才不会在不确定性来临时无所适从。当我们对自己的未知感到自然和适应时，我们才能把未知的恐惧转变为敬畏和惊奇。重新认识这个世界和我们的生命是一个奇迹的过程。

奇迹（miracle）这个单词来自拉丁语 mirus，也就是"惊奇"的意思。奇迹通常会被用来形容一件事情"激发了人们钦佩和敬畏之心"，绝不仅仅发生在童话故事、古代奇人、传世圣贤身上等超自然领域里。自然本身，以及它所包含的一切，就是奇迹。爱默生提醒我们："如果星星每一千年只出现一晚，那么人们会如何相信和喜爱它们，如何让人们世世代代存留对上帝之国美丽的记忆！但这些宇宙中美丽的使者每晚都会出现，用它们令人敬畏的笑容点亮整个宇宙。"

星星、树、动物，事实上都是一种神秘的现象、一个奇迹。我们能写，能看，能感觉，能思考，能存在，这些都是奇迹。联系着过去、现在、未来的时间之索更是一个无法解释的奇迹。用萧伯纳的话来说，就是"奇迹，我们无法解释的现象，无处不在地围绕着我们：生命本身更是奇迹中的奇迹"。

接受与包容我们自己和他人的无知，并不是一种失败。组织行为学专家卡尔·魏克在他的文章中提及，"领袖就是将怀疑合理化的人"，他认为，最成功的人总是能接纳不确定性，他们从不害怕承认自己的无知。[1]

健康地接受我们的无知，并不是要像苏格拉底一样（他宣布自己是世上最智慧的人时，说过"因为我知道一件事，就是我一无所知"），我们并非一无所知。我们非常确定自己知道一些事情。虽然星星令人敬畏地闪烁着，但是我们都知道，当下一个夜晚来临时，它们依然会出现；虽然我们不一定知道为什么，但是我们知道，只要有阳光、水和空气，树木就会不断生长；虽然我无法知道我何时死去，但是我确切知道我还活着，此时此刻确实如此，我知道我在思考，我知道我存在着。

想要接纳我们无所不在但并非彻头彻尾的无知，最健康的方式也最现实的方式，就是接受。你有不知道的事情，但也有知道的事情；你有永远无法知道的事情，但也有经过努力就可以知道的事情。这样，当我们下一次遇到前途未知的十字路口时，正如现在和以后人生中每一个这样的时刻，与其因为无法完全知道横在我们前边、后边、旁边的是什么而深感恐惧，不如心怀敬畏地靠近它，无论你即将知道还是不知道，那都是一个奇迹。毕竟，我们本身就是一个奇迹。

只是走走

刚刚去世的菲利普·斯通是积极心理学的先驱之一，他对我的意义远远不止一位老师。除了和我分享他在社会科学上渊博的知识，当我需要帮助时，他还毫不吝啬地花大量时间指点和支持我。他是我的楷模，他就是我想成为的、像他那样对待学生的老师。

1999 年，菲利普带我去参加了在内布拉斯加州林肯市举办的首次积极心理学研讨会。会议的第二天，9 月普通的一天，天空飘着云彩，微风温暖而惬意。菲利普早晨的演讲结束后，他对我说："我们去走走吧。"

我问他："去哪儿？"

"只是走走。"

这是我此生上过的最重要的课程之一。

去外面走走，没有任何具体的日程安排，只是让自己慢下来，去感受、去体会、去欣赏世界的美妙。只是花一些时间，去感觉城市的脉搏、乡村的平静、大海的辽阔、森林的盎然生机。让"只是走走"成为一个固定的习惯吧！

海伦·凯勒曾经讲述一个故事。一位朋友刚刚从森林漫步许久回来，凯勒问她的朋友看到了什么，她的朋友回答：
"没什么特别的。"凯勒写道：

　　我很想知道，一个人如何能在森林里散步一小时之久竟没有看到任何值得注意的东西。我，一个看不见的人，却可以从中发现数以百计的事情：树叶对称排列，细致优雅；白桦树有光滑的树皮，而松树有粗糙而毛茸茸的树皮。我这个盲人可以给那些看得见的人一个提示：就像明天将不幸失明一般，去用你的眼睛；就像明天将不幸失聪一般，去聆听每个声音里的音乐，鸟儿的歌声，乐队有力的旋律；就像明天就会失去触觉一般，去抚摸每一样东西；就像明天将失去嗅觉和味觉一般，去闻每一朵花的芬芳，品尝每一口食物的滋味。去更多地体会每一种感觉！为世界给你展现的每一分愉悦和美丽而欢呼和赞叹！

上帝，请赐给我宁静，让我接受我不能改变的；请赐给我勇气，让我改变我能够改变的；请赐给我智慧，让我分辨这两者的不同。

——莱因霍尔德·尼布尔

我叫泰勒，我是一个完美主义者。

完美主义将永远是我生命的一部分，接受这个事实反而解放了我自己。看起来很矛盾，意识到完美主义将永远不会被完全去除，反而使我成为一个更好的最优主义者。

在生命中没有一个时刻（尽管在以前我希望有这样一个时刻），我们可以从完美主义者彻底转变为一个最优主义者；也没有一个时刻，我们可以完全停止拒绝失败、痛苦情绪以及自己的成就。然而，我们确实可以不断增加一个最优主义者所享有的生命时光，在我们愿意接受跌倒和缺陷的时候，在我们拥抱受伤的情感的时候，在我们允许自己欣赏和享受自己的成就的时候。

完美主义和最优主义并不是两种截然相反的、非此即彼的选择，它们其实共存于每一个人身上。尽管我们可以从完美主义慢慢走向最优主义，但是我们永远无法彻底逃离完美主义，也永远无法成为一个完美的最优主义者。理想的最优主义并不是一个遥不可及的海岸，而是一束我们永远摸不着，但始终引领我们的星光。正如卡尔·罗杰斯所说："美好的生命是一个过程，而不是一种存在的状态。它是一个方向，而不是一个终点。"[1]

从我第一次下定决心去应对我的完美主义到现在，已经快20年了，而且奋斗还在继续。这个奋斗的过程不是徒劳的。我取得了真实的进步，奋斗的质量也不断改变。如今，我更享受这个旅程，我更能接受，甚至惊诧于生命的跌宕起伏。完美主义是我的一部分，最优主义同样如此。现在，我可以在不违背亚里士多德的非矛盾律的情况下说：

我叫泰勒，我也是一个最优主义者。

致　谢

对于一个有着完美主义倾向的作者来说，在书中写致谢这一部分是非常困难的。一个完美的致谢必须感谢所有对本书有贡献的人，无论是直接还是间接帮助过我的人。由于我无法在此一一感谢，因此我决定遵循自己在书中的观点，做到"足够好"就行，但很不幸的是，这也意味着我必然漏掉很多我想感谢的人。对于这些被漏掉的人，我在此献上我的歉意以及由衷的谢意。

金·库珀是我的良师益友，她在这本书的写作上给了我极大的帮助。在整本书的完成过程中，她在思路及写作技巧上给了我很大的帮助。

凯蒂·艾森伯格与人为善，对我关怀备至，她过人的洞察力不但帮助我完成著作，还积极影响了我的人生。兹维亚·萨雷尔给予我的情感以及思维上的帮助是无法衡量的。

我在以色列海尔兹利亚大学跨学科研究中心的朋友、同事和学生提供给我的良好工作环境，是我之前只听说过而未曾见过的。

感谢拉米·齐夫，他也是我的良师益友。在我 16 岁的时候，他在我心中种下一颗种子，这颗种子在日后萌发，成为我如今对于"全然为人"的认识。奥哈德·卡明在过去的 10 年里给了我许多关于写作、思考，以及体验生活的启发。扬·埃尔斯纳、芭芭拉·海勒曼，以及阿曼达·霍内都是我的好朋友和同事，与他们交流总是能启发我的思路。亚当·维塔尔不仅仔细审阅了我的草稿，还与我分享了深刻的见解。

我很幸运能和来自 Speaking Matters 的 C. J. 洛诺夫合作，感谢他的专业性和对我无微不至的照顾。我也要向麦格劳·希尔出版社的约翰·埃亨与安·普赖梅尔致以最深的谢意，他们不但给了我极大的帮助，还让我们这次合作十分愉快。感谢萨加林代理公司的雷夫·萨加林、布里奇特·瓦格纳，珍妮弗·格雷厄姆·雷德，以及香农·奥尼尔，没有他们的协助，这本书是不可能完成的。

任何语言都无法表达我对家人（我的父母、兄弟姐妹、孩子们，以及其他亲人）的感谢，无论我在工作中多么投入，他们都不会让我忘记生命真正的意义。

这本书特别要献给塔米，我的妻子，也是我的偶像，她让我在本书中提到的"最棒的爱情"每一天都在我的生命中真实地存在和发生。书中有关挚爱的一切，都来自她对我永无止境的爱。

Complete bibliographical information can be found in the References section.

前　言

（ 1 ） Reported in Blatt (1995).

（ 2 ） Burns (1980).

（ 3 ） Hamachek (1978).

（ 4 ） I draw on the work of Hewitt and Flett (1991), as well as Frost et al. (1990), who describe perfectionism as a multidimensional construct.

（ 5 ） This definition is taken from *The Positive Psychology Manifesto*, which was first introduced by some of the leading researchers in the field in 1999. The full definition: "Positive Psychology is the scientific study of optimal human functioning. It aims to discover and promote the factors that allow individuals and communities to thrive. The positive psychology movement represents a new commitment on the part of research psychologists to focus attention upon the sources of psychological health, thereby going beyond prior emphases upon disease and disorder."

（ 6 ） Rogers (1961).

1　接纳失败

（ 1 ） Frost et al. (1990) discuss "concern over mistakes" as one of the dimensions of perfectionism.

（ 2 ） Carson and Langer (2006).

（3）Pacht (1984). Burns (1999) extensively discusses the all-or-nothing approach.

（4）The relativist, in fact, is a Perfectionist in disguise, subscribing to the notion that there are absolutely no absolutes.

（5）See Morling and Epstein (1997), as well as Swann et al. (1989).

（6）Thoreau (2004).

（7）Emerson (1983).

（8）Frost et al. (1990), Flett et al. (1992), Flett and Hewitt (2002), Franco-Paredes et al. (2005), and Bardone-Cone et al. (2007).

（9）Branden (1994).

（10）Bednar and Peterson (1995).

（11）Blatt (1995).

（12）Bardone-Cone et al. (2007).

（13）Rogers (1961).

（14）Reported in Bardone-Cone et al. (2007).

（15）Yerkes and Dodson (1908).

（16）Gardner (1994).

（17）Flett et al. (1992).

（18）Koch (2005) and Mancini (2007).

（19）Bem (1967).

（20）Carson and Langer (2006).

（21）For more on the benefits of keeping a journal, see Pennebaker (1997).

2 悦纳情绪

（1）See Wegner (1994) and Wenzlaff and Wegner (2000).

（2）See Barlow and Craske (2006) and Craske et al. (2004).

（3）Ricard (2006).

（4）Williams et al. (2007).

（5）Williams et al. (2007).

（6）See Lyubomirsky (2007) and Ray et al. (2008).

（7）Pennebaker (1997).

（8）Branden (1994).

（9）Kabat-Zinn (1990).

（10）Rogers (1961).

（11）Newman et al. (1997).

（12）Calhoun and Tedeschi (2005).

（13）Kuhn (1996).

（14）Gibran (1923).

(15) See Maslow (1993) and James (1988).

(16) Worden (2008).

(17) Emerson (1983).

(18) Kabat-Zinn (1990).

(19) Bennett-Goleman (2002).

3 迎接成功

(1) Camus (1991).

(2) Ackerman (1995).

(3) James (1890).

(4) Csikszentmihalyi (1998).

(5) Locke and Latham (2002).

(6) Collins (2001).

(7) Hackman (2002).

(8) Domar and Kelly (2008).

(9) Nash and Stevenson (2005).

(10) Reivich and Shatte (2003).

(11) See Cooperrider and Whitney (2005).

(12) See Emmons and McCullough (2003) and Emmons (2007).

(13) Lyubomirsky (2007).

(14) Kosslyn (2005).

(15) Langer (1989).

(16) Seligman et al. (2005).

4 尊重现实

(1) Ackerman (1995).

(2) Sowell (2007).

(3) Pinker (2006).

(4) Branden (1994).

(5) Ginott (2003).

(6) I recommend doing a longer sentence-completion program,
such as the one found in Nathaniel Branden's (1994) book *The
Six Pillars of Self-Esteem*. An extensive program is also available
online: nathanielbranden.com/catalog/articles_essays/sentence
_completion.html.

(7) Langer (1989).

5 最佳教育方式

(1) Luthar et al. (2006).

(2) Siegle and Schuler (2000).

（3） Montessori (1995).

（4） Rathunde and Csikszentmihalyi (2005a, b).

（5） Winnicott (1982) and Winnicott (1990).

（6） Smiles (1958).

（7） Dweck (2005).

（8） Dewey (2007).

（9） Dewey (1997).

（10）Collins (1990) and Collins (1992).

6 最好的工作

（1） Edmondson (1999).

（2） Mark Cannon and Amy Edmondson (2005) coauthored a paper titled "Failing to Learn and Learning to Fail (Intelligently): How Great Organizations Put Failure to Work to Innovate and Improve."

（3） Edgar Scheine and Warren Bennis (1965) first introduced the term *psychological safety*. Edmondson extended their idea beyond the individual level to *team psychological safety*.

（4） Cited in Cannon and Edmondson (2005).

（5） Goleman et al. (2002).

（6） McEvoy and Beatty (1989).

（7） Cannon and Edmondson (2005).

（8） Hurley and Ryman (2008).

（9） Loehr and Schwartz (2001) and Loehr and Schwartz (2004).

7 最棒的爱情

（1） The quote is attributed to Leo Buscaglia, a professor at the University of Southern California who was a popular speaker and writer. While Buscaglia's work in the area of human potential is extremely important and valuable, this particular passage is potentially damaging.

（2） Gottman (2000).

（3） Schnarch (1998).

（4） Mill (1974).

（5） Emerson (1983).

（6） Burke (1898).

8 第一个冥想：真实的改变

（1） Langer (1989).

（2） Nir (2008).

9 第二个冥想：认知疗法
（1） Tomaka et al. (1997).
（2） Carlson (1996).

10 第三个冥想：不完美的忠告
（1） Rogers (1961).

11 第四个冥想：一个完美的新世界
（1） Wilson (2008).

12 第五个冥想：苦难的角色
（1） Gyaltshen Rinpoche (2006).
（2） Pennebaker (1997).

13 第六个冥想：铂金法则
（1） Ackerman (1995).
（2） Davidson and Harrington (2001).
（3） Leary et al. (2007).

14 第七个冥想：是的，但是……
（1） Lyubomirsky (2007).

15 第八个冥想：美丽的衰老
（1） Levy (2003) and Levy et al. (2002).
（2） Dove, manufacturer of personal care products, has come up with a very successful pro-aging campaign challenging the anti-aging movement.

16 第九个冥想：情绪伪装
（1） Blanton (2005).
（2） dw-world.de/dw/article/0,2144,3333396,00.html. Retrieved October 13, 2008.

17 第十个冥想：知与未知
（1） Weick (2001).

结 语
（1） Rogers (1961).

参考文献

Ackerman, D. (1995). *A Natural History of Love*. Vintage.

Bandura, A. (1997). *Self-Efficacy: The Exercise of Control*. W. H. Freeman and Company.

Bardone-Cone, A. M., Wonderlich, S. A., Frost, R. O., Bulik C. M., Mitchell, J. E., Uppala, S., and Simonich, H. (2007). Perfectionism and Eating Disorders: Current Status and Future Directions. *Clinical Psychology Review*, 27, 384–405.

Barlow, D. H., and Craske, M. G. (2006). *Mastery of Your Anxiety and Panic: Workbook*. Oxford University Press.

Bednar, R. L., and Peterson, S. R. (1995). *Self Esteem: Paradoxes and Innovations in Clinical Theory and Practice*. American Psychological Association.

Bem, D. J. (1967). Self-Perception: An Alternative Interpretation of Cognitive Dissonance Phenomena. *Psychological Review*, 74, 183–200.

Bem, D. J. (1996). Exotic Becomes Erotic: A Developmental Theory of Sexual Orientation. *Psychological Review*, 103, 320–335.

Ben-Shahar, T. (2007). *Happier: Learn the Secrets to Daily Joy and Lasting Fulfillment*. McGraw-Hill.

Bennett-Goleman, T. (2002). *Emotional Alchemy: How the Mind Can Heal the Heart*. Three Rivers Press.

Blanton, B. (2005). *Radical Honesty: How to Transform Your Life by Telling the Truth*. SparrowHawk.

Blatt, S. J. (1995). The Destructiveness of Perfectionism: Implications for the Treatment of Depression. *American Psychologist*, 50(12), 1003–1020.

Branden, N. (1994). *The Six Pillars of Self-Esteem*. Bantam Books.

Burns, D. (1980, November). The Perfectionist's Script for Self Defeat. *Psychology Today*, 34–57.

Burns, D. (1999). *Feeling Good: The New Mood Therapy*. Harper.

Burke, E. (1898). *Reflections on the Revolution in France*. MacMillan Company.

Calhoun, L. G., and Tedeschi, R. G. (2005). *The Handbook of Posttraumatic Growth: Research and Practice*. Lawrence Erlbaum Associates.

Camus, A. (1991). *The Myth of Sisyphus and Other Essays*. Vintage.

Cannon, M. D., and Edmondson, A. C. (2005). Failing to Learn and Learning to Fail (Intelligently): How Great Organizations Put Failure to Work to Innovate and Improve. *Long Range Planning*, 38, 299–319.

Carlson, R. (1996). *Don't Sweat the Small Stuff . . . and It's All Small Stuff*. Hyperion.

Carson, S. H., and Langer, E. J. (2006). Mindfulness and Self Acceptance. *Journal of Rational-Emotive and Cognitive-Behavior Therapy*, 24, 29–43.

Cavafy, C. P. (1992). *Collected Poems*. Translated by Edmund Keeley and Philip Sherrard. Edited by George Savidis. Princeton University Press.

Collins, J. (2001). *Good to Great: Why Some Companies Make the Leap . . . and Others Don't*. Collins Business.

Collins, M. (1990). *The Marva Collins' Way*. Tarcher.

Collins, M. (1992). *Ordinary Children, Extraordinary Teachers*. Hampton Roads.

Cooperrider, D. L., and Whitney, D. (2005). *Appreciative Inquiry: A Positive Revolution in Change*. Berrett-Koehler Publishers.

Craske, M. G., Barlow, D. H., and O'Leary, T. L. (2004). *Mastery of Your Anxiety and Panic: Client Workbook*. Oxford University Press.

Csikszentmihalyi, M. (1998). *Finding Flow: The Psychology of Engagement with Everyday Life*. Basic Books.

Davidson, R. J., and Harrington, A. (2001). *Visions of Compassion: Western Scientists and Tibetan Buddhists Examine Human Nature*. Oxford University Press.

Dawes, R. M. (1996). *House of Cards: Psychology and Psychotherapy Built on Myth*. Free Press.

Dewey, J. (1997). *Experience and Education*. Free Press.

　　　　幸福超越完美

Dewey, J. (2007). *Democracy and Education*. Echo Library.

Domar, A., and Kelly, A. L. (2008). *Be Happy Without Being Perfect: How to Break Free from the Perfection Deception*. Crown.

Dweck, C. S. (2005). *Mind-set: The New Psychology of Success*. Ballantine Books.

Edmondson, A. (1999). Psychological Safety and Learning Behavior in Work Teams. *Administrative Science Quarterly*, 44, 350–383.

Emerson, R. W. (1983). *Emerson: Essays and Lectures*. Library of America.

Emmons, R. A. (2007). *Thanks! How the New Science of Gratitude Can Make You Happier*. Houghton Mifflin.

Emmons, R. A., and McCullough, M. E. (2003). Counting Blessings Versus Burdens: An Experimental Investigation of Gratitude and Subjective Well-Being in Daily Life. *Journal of Personality and Social Psychology*, 88, 377–389.

Flett, G. L., Blankstein, K. R., Hewitt, P. L., and Koledin, S. (1992). Components of Perfectionism and Procrastination in College Students. *Social Behavior and Personality*, 20, 85–94.

Flett, G. L., and Hewitt, P. L. (2002). *Perfectionism: Theory, Research, and Treatment*. American Psychological Association.

Franco-Paredes, K., Mancilla-Diaz, J. M., Vazquez-Arevalo, R., Lopez-Aguilar, X., and Alvarez-Rayon, G. (2005). Perfectionism and Eating Disorders: A Review of the Literature. *European Eating Disorders Review*, 13, 61–70.

Frost, R. O., Marten, P., Lahart, C., and Rosenblate, R. (1990). The Dimensions of Perfectionism. *Cognitive Therapy and Research*, 14, 449–468.

Gardner, H. (1994). *Creating Minds: An Anatomy of Creativity as Seen Through the Lives of Freud, Einstein, Picasso, Stravinsky, Eliot, Graham, and Gandhi*. Basic Books.

Gibran, K. (1923). *The Prophet*. Knopf.

Ginott, H. G. (1995). *Teacher and Child: A Book for Parents and Teachers*. Collier Books.

Ginott, H. G. (2003). *Between Parent and Child*. Three Rivers Press.

Goleman, D., Boyatzis, R. E., and McKee, A. (2002). *Primal Leadership: Realizing the Power of Emotional Intelligence*. Harvard Business School Press.

Gottman, J. M. (2000). *The Seven Principles for Making Marriage Work: A Practical Guide from the Country's Foremost Relationship Expert.* Three Rivers Press.

Gyaltshen Rinpoche, K. K. (2006). *Transformation of Suffering.* Vajra.

Hackman, J. R. (2002). *Leading Teams: Setting the Stage for Great Performance.* Harvard Business School Press.

Hamachek, D. E. (1978). Psychodynamics of Normal and Neurotic Perfectionism. *Psychology*, 15, 27–33.

Hewitt, P. L., and Flett, G. L. (1991). Perfectionism in the Self and Social Contexts: Conceptualization, Assessment, and Association with Psychopathology. *Journal of Personality and Social Psychology*, 60, 456–470.

Hurley, R. F., and Ryman, J. (2008). Making the Transition from Micromanager to Leader. *Organization Dynamics*, manuscript under review.

James, W. (1890). *Principles of Psychology.* Henry Holt and Co.

James, W. (1988). *William James: Writings* 1902–1910. Library of America.

Kabat-Zinn, J. (1990). *Full Catastrophe Living: The Wisdom of Your Body and Mind to Face Stress, Pain, and Illness.* Delta.

Kabat-Zinn, J. (2003). Mindfulness-Based Interventions in Context: Past, Present, and Future. *Clinical Psychology*, 10(2), 144–156.

Koch, R. (2005). *Living the 80/20 Way: Work Less, Worry Less, Succeed More, Enjoy More.* Nicholas Brealey Publishing.

Kosslyn, S. M. (2005). Reflective Thinking and Mental Imagery: A Perspective on the Development of Posttraumatic Stress Disorder. *Development and Psychopathology*, 17, 851–863.

Kuhn, T. S. (1996). *The Structure of Scientific Revolution.* University of Chicago Press.

Langer, E. J. (1989). *Mindfulness.* Addison-Wesley.

Langer, E. J. (2005). *On Becoming an Artist: Reinventing Yourself Through Mindful Creativity.* Ballantine Books.

Leary, M. R., Tate, E. B., Adams, C. E., Allen, A. B., and Hancock, J. (2007). Self-Compassion and Reactions to Unpleasant Self-Relevant Events: The Implications of Treating Oneself Kindly. *Journal of Personality and Social Psychology*, 92, 887–904.

Levy, B. R. (2003). Mind Matters: Cognitive and Physical Effects of Aging Self-Stereotypes. *Journal of Gerontology*, 58, 203–211.

Levy, B. R., Slade, M. D., Kunkel, S. R., and Kasl, S. V. (2002). Longevity Increased by Positive Self-Perceptions of Aging. *Journal of Personality and Social Psychology*, 83, 261–270.

Locke, E. A., and Latham, G. P. (2002). Building a Practically Useful Theory of Goal Setting and Task Motivation: A 35-Year Odyssey. *American Psychologist*, 57(9) 705–717.

Loehr, J., and Schwartz, T. (2001, January). *The Making of a Corporate Athlete*. Harvard Business Review, 120128.

Loehr, J., and Schwartz, T. (2004). *The Power of Full Engagement: Managing Energy, Not Time, Is the Key to High Performance and Personal Time*. Free Press.

Luthar, S. S., Shoum, K. A., and Brown, P. J. (2006). Extracurricular Involvement Among Affluent Youth: A Scapegoat for "Ubiquitous Achievement Pressures"? *Developmental Psychology*, 42, 583–597.

Lyubomirsky, S. (2007). *The How of Happiness: A Scientific Approach to Getting the Life You Want*. Penguin Press.

Mancini, M. (2007). *Time Management: 24 Techniques to Make Each Minute Count at Work*. McGraw-Hill.

Maslow, A. H. (1993). *The Farther Reaches of Human Nature*. Penguin.

McEvoy, G. M., and Beatty, R. W. (1989). Assessment Centers and Subordinate Appraisals of Managers: A Seven Year Longitudinal Examination of Predictive Validity. *Personnel Psychology*, 42, 37–52.

Mill, J. S. (1974). *The Subjection of Women*. MIT Press.

Montessori, M. (1995). *The Absorbent Mind*. Holt Paperbacks.

Morling, B., and Epstein, S. (1997). Compromises Produced by the Dialectic Between Self-Verification and Self-Enhancement. *Journal of Personality and Social Psychology*, 73, 1268–1283.

Nash, L., and Stevenson, H. (2005). *Just Enough: Tools for Creating Success in Your Work and Life*. Wiley.

Newman, L. S., Duff, K. J., and Baumeister, R. F. (1997). A New Look at Defensive Projection: Thought Suppression, Accessibility, and Biased Person Perception. *Journal of Personality and Social Psychology*, 72, 980–1001.

Nir, D. (2008). *The Negotiational Self: Identifying and Transforming Negotiation Outcomes Within the Self*. Dissertation, School of Business, Hebrew University.

Pacht, A. R. (1984). Reflections on Perfection. *American Psychologist*, 39, 386–390.

Pennebaker, J. W. (1997). *Opening Up*. Guilford Press.

Peterson, C. (2006). *A Primer in Positive Psychology*. Oxford University Press.

Pinker, S. (2006, Spring). The Blank Slate. *The General Psychologist*, 41, 1–8.

Rathunde, K., and Csikszentmihalyi, M. (2005a). The Social Context of Middle School: Teachers, Friends, and Activities in Montessori and Traditional School Environments. *Elementary School Journal*, 106, 59–79.

Rathunde, K., and Csikszentmihalyi, M. (2005b). Middle School Students' Motivation and Quality of Experience: A Comparison of Montessori and Traditional School Environments. *American Journal of Education*, 111, 341–371.

Ray, R. D., Wilhelm, F. H., and Gross, J. J. (2008). All in the Mind's Eye? Anger Rumination and Reappraisal. *Journal of Personality and Social Psychology*, 94, 133–145.

Reivich, K., and Shatte, A. (2003). *The Resilience Factor: 7 Keys to Finding Your Inner Strength and Overcoming Life's Hurdles*. Broadway.

Ricard, M. (2006). *Happiness: A Guide to Developing Life's Most Important Skill*. Little, Brown and Company.

Rogers, C. (1961). *On Becoming a Person: A Therapist's View of Psychotherapy*. Constable.

Scheine, E. H., and Bennis, W. (1965). *Personal and Organizational Change via Group Methods*. Wiley.

Schnarch, D. (1998). *Passionate Marriage: Keeping Love and Intimacy Alive in Committed Relationships*. Owl Books.

Seligman, M. E. P. (1990). *Learned Optimism: How to Change Your Mind and Your Life*. Pocket Books.

Seligman, M. E. P. (2004). *Authentic Happiness: Using the New Positive Psychology to Realize Your Potential for Lasting Fulfillment*. Free Press.

Seligman, M. E. P., Park, N., and Peterson, C. (2005). Positive Psychology Progress: Empirical Validation of Interventions. *American Psychologist*, 60, 410–421.

Siegle, D., and Schuler, P. A. (2000). Perfectionism Differences in Gifted Middle School Students. *Roeper Review*, 23, 39–45.

Smiles, S. (1958). *Self-Help*. John Murray.

Sowell, T. (2007). *A Conflict of Visions: Ideological Origins of Political Struggles*. Basic Books.

幸福超越完美

Swann, W. B., Pelham, B. W., and Krull, D. S. (1989). Agreeable Fancy or Disagreeable Truth? Reconciling Self-Enhancement and Self-Verification. *Journal of Personality and Social Psychology*, 57, 782–791.

Thoreau, H. D. (2004). *Walden and Civil Disobedience*. Signet Classics.

Tomaka, J., Blascovich, J., Kibler, J., and Ernst, J. M. (1997). Cognitive and Physiological Antecedents of Threat and Challenge Appraisal. *Journal of Personality and Social Psychology*, 73, 63–72.

Wegner, D. M. (1994). *White Bears and Other Unwanted Thoughts: Suppression, Obsession, and the Psychology of Mental Control*. Guilford Press.

Weick, K. E. (1979). *The Social Psychology of Organizing*. McGraw-Hill.

Weick, K. E. (2001). Leadership as the Legitimation of Doubt. In W. Bennis, G. M. Spreitzer, and T. Cummings (eds.), *The Future of Leadership: Today's Top Thinkers on Leadership Speak to the Next Generation*, 91–102. Jossey-Bass.

Wenzlaff, R. M., and Wegner, D. M. (2000). Thought Suppression. *Annual Review of Psychology*, 51, 59–91.

Williams, M. G., Teasdale, J. D., Segal, Z. V., and Kabat-Zinn, J. (2007). *The Mindful Way Through Depression: Freeing Yourself from Chronic Unhappiness*. Guilford Press.

Wilson, E. G. (2008). *Against Happiness: In Praise of Melancholy*. Farrar, Straus, and Giroux.

Winnicott, D. W. (1982). *Playing and Reality*. Routledge.

Winnicott, D. W. (1990). *Home Is Where We Start From: Essays by a Psychoanalyst*. Norton & Company.

Worden, J. W. (2008). *Grief Counseling and Grief Therapy: A Handbook for the Mental Health Practitioner, Fourth Edition*. Springer Publishing Company.

Yerkes, R. M., and Dodson, J. D. (1908). The Relation of Strength of Stimulus to Rapidity of Habit-Formation. *Journal of Comparative Neurology and Psychology*, 18, 459–482.